常见农作物病虫害防治技术

吴逸群　许　秀　魏　睿　编著

陕西省青年科技新星计划项目（2016KJXX-77）
陕西省科技厅农业科技创新与攻关项目（2015NY158）
陕西省教育厅专项科研计划项目（15JK1257）
渭南市科研发展计划项目（2015KYJ-2-7）
共同资助

科学出版社
北京

内 容 简 介

农作物病虫害是我国的主要农业灾害之一，它具有种类多、影响大并时常暴发成灾的特点，常给我国农业生产造成重大损失。本书系统地阐述了常见农作物病虫害的识别和防治技术，并以水稻、小麦、棉花、蔬菜为例，对常见农作物病虫害防治技术进行了具体介绍。

本书内容翔实，通俗易懂，可作为广大农业病虫害研究人员、农业技术推广人员和农作物种植人员的参考资料。

图书在版编目(CIP)数据

常见农作物病虫害防治技术/吴逸群，许秀，魏睿编著. —北京：科学出版社，2017.6

ISBN 978-7-03-053351-7

Ⅰ. ①常… Ⅱ. ①吴… ②许… ③魏… Ⅲ. ①作物－病虫害防治 Ⅳ. ①S435

中国版本图书馆 CIP 数据核字（2017）第 133901 号

责任编辑：亢列梅 / 责任校对：邹慧卿
责任印制：张 伟 / 封面设计：陈 敬

科 学 出 版 社 出版
北京东黄城根北街 16 号
邮政编码：100717
http://www.sciencep.com

北京建宏印刷有限公司 印刷
科学出版社发行 各地新华书店经销
*
2017 年 6 月第 一 版 开本：B5（720×1000）
2017 年 6 月第一次印刷 印张：10 3/4
字数：170 000

定价：80.00 元

前　言

我国是农业大国，农作物种植历史悠久，耕地面积广大。几千年来，我国农民以土地为生，至今农业仍在我国国民经济中占有重要地位。

农作物病虫害是我国的主要农业灾害之一，它具有种类多、影响大、易暴发成灾的特点，常对我国国民经济，特别是农业生产造成重大损失。我国农作物常见的病害包括稻飞虱、白粉病、小麦锈病、稻纹枯病、稻瘟病，常见的虫害包括棉铃虫、棉蚜、麦蚜、蝗虫等，它们已经严重影响了我国农业生产。为了减少病虫害对农作物的侵害，就要对其实施综合防治。综合防治就是利用自然控制，协调运用一切适当的技术，把有害生物的种群数量控制和维持在经济受害允许水平以下，只有当有害生物密度超过规定的受害允许水平界限时，才谋求化学药剂的防治措施。

全书共6章。第1章主要阐述了农作物常见病害和虫害的识别方法；第2章论述了农作物病虫害防治的目的和意义，以及病虫害综合防治方法；第3章研究了水稻常见病害和虫害的综合防治技术；第4章阐述了小麦常见病虫害及其综合防治技术；第5章是对棉花病虫害的综合防治以及棉花营养缺乏症、棉花药害的介绍；第6章详细阐述了蔬菜病虫害的防治原理及具体防治办法。

限于作者水平，书中难免存在不当之处，敬请读者批评指正。

作　者

2017年3月

目　　录

前言

第 1 章　农作物病虫害的识别……1

1.1　农作物病害的识别……1

1.1.1　农作物病害类型……1

1.1.2　水稻主要病害识别……3

1.1.3　小麦主要病害识别……9

1.1.4　棉花主要病害识别……16

1.1.5　蔬菜主要病害识别……22

1.2　农业虫害的识别……26

1.2.1　水稻主要虫害识别……27

1.2.2　小麦主要虫害识别……31

1.2.3　棉花主要虫害识别……34

1.2.4　蔬菜主要虫害识别……38

第 2 章　农作物病虫害的防治……42

2.1　病虫害防治的目的及意义……42

2.1.1　病虫害防治的目的……42

2.1.2　病虫害防治的意义……43

2.2　病虫害的物理防治与化学防治……43

2.2.1　物理防治……43

2.2.2　化学防治……46

2.3　病虫害的农业防治与生物防治……51

2.3.1　农业防治……51

2.3.2　生物防治……53

2.4　植物检疫……56

2.4.1　植物检疫概述……56

2.4.2　植物检疫的分类、实施内容及步骤……61

第 3 章　水稻病虫害防治技术…………67
3.1　水稻病虫害综合防治技术…………67
3.2　水稻主要病害的防治技术…………69
3.2.1　稻瘟病的防治技术…………69
3.2.2　稻曲病的防治技术…………73
3.2.3　白叶枯病的防治技术…………74
3.2.4　纹枯病的防治技术…………75
3.2.5　恶苗病的防治技术…………75
3.2.6　细菌性条斑病的防治技术…………76
3.2.7　稻粒黑粉病的防治技术…………77
3.2.8　烂秧病的防治技术…………77
3.3　水稻主要虫害的防治技术…………78
3.3.1　稻纵卷叶螟的防治技术…………78
3.3.2　中华稻蝗的防治技术…………79
3.3.3　二化螟的防治技术…………79
3.3.4　三化螟的防治技术…………80
3.3.5　稻飞虱的防治技术…………82
3.3.6　稻蓟马的防治技术…………82
3.3.7　稻瘿蚊的防治技术…………84
3.3.8　黏虫的防治技术…………85
3.3.9　福寿螺的防治技术…………86
3.3.10　大螟的防治技术…………87
第 4 章　小麦病虫害防治技术…………89
4.1　小麦病虫害综合防治技术…………89
4.1.1　做好重大病虫监测预报…………89
4.1.2　科学合理布局品种…………89
4.1.3　实施健身控害栽培技术…………90
4.1.4　实施物理诱杀技术…………90
4.1.5　实施生态控制技术…………90
4.1.6　实施高效安全的化学控制技术…………91
4.1.7　明确小麦不同生育期的防治重点…………91

4.2　小麦病害的防治技术……93
4.2.1　锈病的防治技术……93
4.2.2　白粉病的防治技术……94
4.2.3　赤霉病的防治技术……96
4.2.4　雪霉叶枯病的防治技术……99
4.2.5　全蚀病的防治技术……100
4.2.6　线虫病的防治技术……102
4.3　小麦虫害的防治技术……103
4.3.1　麦蛾的防治技术……103
4.3.2　麦秆蝇的防治技术……104
4.3.3　吸浆虫的防治技术……105
4.3.4　麦蚜的防治技术……107
4.3.5　蛴螬的防治技术……109
4.3.6　土蝗的防治技术……110
4.3.7　飞蝗的防治技术……110
4.3.8　麦沟牙甲的防治技术……112
第5章　棉花病虫害防治技术……113
5.1　棉花病虫害综合防治技术……113
5.1.1　棉花病害的综合防治技术……113
5.1.2　棉花虫害的综合防治技术……114
5.2　棉花病害的防治技术……115
5.2.1　炭疽病的防治技术……115
5.2.2　立枯病的防治技术……117
5.2.3　黄萎病的防治技术……118
5.2.4　枯萎病的防治技术……119
5.2.5　早衰的防治技术……121
5.2.6　疫病的防治技术……122
5.2.7　角斑病的防治技术……123
5.3　棉花虫害的防治技术……124
5.3.1　棉盲蝽的防治技术……124
5.3.2　棉铃虫的防治技术……126
5.3.3　棉叶蝉的防治技术……128
5.3.4　地老虎的防治技术……128

5.3.5 棉蚜的防治技术 ······ 129
5.3.6 甜菜夜蛾的防治技术 ······ 130
5.4 棉花的营养缺乏症及药害 ······ 131
5.4.1 棉花缺氮症 ······ 131
5.4.2 棉花缺磷症 ······ 132
5.4.3 棉花缺钾症 ······ 132
5.4.4 棉花缺镁症 ······ 133
5.4.5 棉花药害 ······ 134
第 6 章 蔬菜病虫害防治技术 ······ 136
6.1 蔬菜病害与蔬菜虫害 ······ 136
6.1.1 蔬菜病害 ······ 136
6.1.2 蔬菜虫害 ······ 137
6.2 蔬菜病虫害综合防治原理与技术 ······ 138
6.2.1 蔬菜病虫害综合防治原理 ······ 138
6.2.2 蔬菜病虫害综合防治技术 ······ 139
6.3 蔬菜病害的防治技术 ······ 144
6.3.1 甘蓝菌核病的防治技术 ······ 144
6.3.2 番茄病毒病的防治技术 ······ 145
6.3.3 黄瓜疫病的防治技术 ······ 146
6.3.4 豇豆煤霉病的防治技术 ······ 146
6.3.5 大白菜霜霉病的防治技术 ······ 147
6.3.6 辣椒炭疽病的防治技术 ······ 148
6.3.7 芹菜斑枯病的防治技术 ······ 149
6.4 蔬菜虫害的防治技术 ······ 150
6.4.1 蜗牛的防治技术 ······ 150
6.4.2 菜蚜的防治技术 ······ 151
6.4.3 菜粉蝶的防治技术 ······ 152
6.4.4 地老虎的防治技术 ······ 154
6.4.5 地蛆的防治技术 ······ 155
6.4.6 黄曲条跳甲的防治技术 ······ 156
6.4.7 菜蛾的防治技术 ······ 158
参考文献 ······ 160

第 1 章　农作物病虫害的识别

病虫害是影响农作物产量的主要因素之一，也是农业种植中的难点之一。做好农业病虫害的防治工作是保证农业丰产的前提。在常规的农业生产中，正确鉴定农作物病虫害，是防治农作物病害的基础。本章主要对农业病害的识别与农业虫害的识别进行分析论述。

1.1　农作物病害的识别

1.1.1　农作物病害类型

农作物病害是指在农作物生长发育过程中，由于遭受病原生物的侵害，或受不适宜环境条件（非生物因素）的影响，其正常生理机能受到破坏，组织形态发生改变，甚至死亡的现象。农作物病害常对农业生产造成经济损失。及时对农作物病害进行防治，可以有效地减少经济损失（罗桂梅和王春霞，2012）。根据病原类别，病害可分为病毒病害、细菌病害和真菌病害。

1. *病毒病害*

病毒病是由病毒引起的作物病害，病毒病在植物上看不到菌斑。病毒病害包括水稻黄矮病、番茄病毒病、辣椒病毒病（图 1-1）、西葫芦病毒病等。其病原物极其微小，用肉眼和普通光学显微镜都无法看到，常靠昆虫传播或接触摩擦传播。几乎所有的农作物都可感染病毒病害，农作物受侵染后，往往出现维管束系统坏死：主输导组织受害后，全株出现受害症状；支输导组织受害后，局部表现受害症状；微支输导组织受害后，形成坏死斑点或斑块。病毒病发病症状是没有脓溢、穿孔、破溃等现象，这是田间鉴别病毒病的主要依据之一。

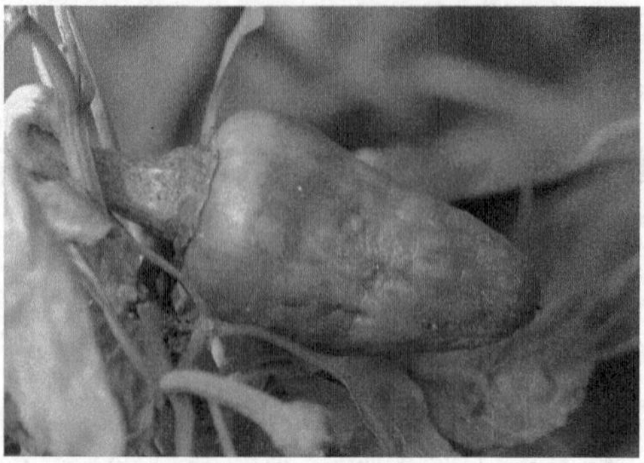

图 1-1　辣椒病毒病症状（http://www.tccxfw.com/bch/1/data/1914.html）

病毒病对农作物产量和品质影响很大。对于病毒病，要加强对蚜虫、叶蝉等传播媒介的防治，切断传播途径；同时拔除病株，对未发病的植株使用低毒的农药防治。

2. 细菌病害

细菌病害有两个特征：一个特征是病变部位有腐烂、斑点、枯萎（维管束病变所致）、溃疡现象，但无明显附着物；另一个特征是发病后期发病部位往往有菌脓溢出。在两块同样大小的平载玻片上滴一滴清水，推平，然后用大头针挑取病斑处一点放在水中，静置数秒钟，将两块载坡片合在一起压紧，对光观察，可见放射性水漩。这是其他病害没有的特征。细菌病害包括黄瓜细菌性角斑病、黄瓜细菌性叶枯病（图 1-2）、番茄青枯病等。

图 1-2　黄瓜细菌性叶枯病症状

（http://nongmin.hebnews.cn/html/2016/kjzn_0405/8171.html）

3. 真菌病害

真菌病是由真菌引起的农作物病害，在农作物病斑部可看到菌丝体。此类病害有病斑且病斑较大，尤其是发病中后期的病斑上，病征（包括轮纹、黑色、霉层、粉状物、黑点等）十分明显。真菌病害包括黄瓜霜霉病、灰霉病，番茄早、晚疫病，番茄灰霉病（图 1-3），辣椒炭疽病等。

图 1-3　番茄灰霉病症状（http://www.my478.com/jishu/108.htm）

1.1.2　水稻主要病害识别

水稻是主要的粮食作物之一，也是我国最主要的栽培作物之一，全世界半数以上的人口以水稻为主食。发生在水稻上的病害已经对水稻的产量造成严重的影响，经济损失巨大。及时地对水稻主要病害进行识别和防治，确保水稻高产丰产，已经成为我国水稻生产中的重要内容（王学艳等，2013）。我国水稻主要病害有稻瘟病、稻纹枯病、稻曲病、水稻白叶枯病等，各病害识别特点如下。

1. 稻瘟病

稻瘟病是水稻重要病害之一，可引起水稻大幅度减产，严重时减产40%～50%，甚至颗粒无收。该病在世界各稻区均有发生，其中以叶部、节部发生较多，发生后可造成不同程度减产，尤其穗颈瘟或节瘟发生早而重，可造成白穗以致绝产。

（1）主要症状。稻瘟病分布在全国各稻区，主要为害叶片、茎秆、穗部。根据为害时期、部位不同分为苗瘟、叶瘟（图 1-4）、节瘟、穗颈瘟、谷粒瘟。

图 1-4 稻瘟病——叶瘟

（http://www.jlagri.gov.cn/Html/2013_07_10/139850_140054_2013_07_10_175705.html）

① 苗瘟：发生于 3 叶前，由种子带菌所致。病苗基部灰黑，上部变褐，卷缩而死，湿度较大时病部产生大量灰黑色霉层，即病原菌分生孢子梗和分生孢子（图 1-4）。

② 叶瘟：分蘖至拔节期为害较重。常出现慢性型病斑、急性型病斑、白点型病斑和褐点型病斑。慢性型病斑开始在叶上产生暗绿色小斑，渐扩大为梭形斑，常有延伸的褐色坏死线，病斑中央灰白色，边缘褐色，有淡黄色晕圈，潮湿时叶背有灰色霉层，病斑较多时连片形成不规则大斑；急性型病斑在叶片上形成暗绿色近圆形或椭圆形病斑，叶片两面都产生褐色霉层；白点型病斑在嫩叶发病后产生白色近圆形小斑，不产生孢子；褐点型病斑多在老叶上产生针尖大小的褐点，只产生于叶脉间，较少产生孢子。

③ 节瘟：常在抽穗后发生，初在稻节上产生褐色小点，后逐渐绕节扩展，使病部变黑，易折断。

④ 穗颈瘟：初形成褐色小点，扩展后使穗颈部变褐，也造成枯白穗。枝梗或穗轴受害后造成小穗不实，发病晚的造成秕谷。

⑤ 谷粒瘟：产生褐色椭圆形或不规则斑，可使稻谷变黑。有的颖壳无症状，护颖受害变褐，使种子带菌。

（2）发病规律。病菌在病稻草、病稻谷上越冬，翌年以分生孢子借风雨传播到水稻叶、穗、节等部位，遇高湿或雾、露、雨水侵入发病。气温在 24～28℃，相对湿度 90%以上时，易引起稻瘟病严重发生，穗期遇 24℃左右气温，连续阴雨 3d 以上，易引起穗颈瘟大流行。水稻品种抗病性差异很大，同一品种不同生育期抗性也有差异，以 4 叶期、分蘖盛期和抽穗初期最易染病，重施、过迟偏施氮肥，有利于病害流行。

2. 稻纹枯病

稻纹枯病是由层蕈科薄膜革菌属稻纹枯病菌引起的一种真菌性病害。该病菌除为害水稻外，还可侵染大麦、小麦、高粱、玉米、粟、茭白、甘蔗、甘薯、豆类、花生、黄麻、稗草、马唐、李氏禾等 15 科的植物。全国各稻区均有发生，20 世纪 70 年代前以早稻和单季晚稻受害较重，70 年代中期以后，杂交水稻发生普遍，已上升为水稻主要病害。

（1）主要症状。水稻秧苗期至穗期均可发生，以抽穗前后最盛。该病主要为害叶鞘、叶片，严重时侵入茎秆并蔓延至穗部。病斑最初在近水面的叶鞘上出现，初为椭圆形，水渍状，后呈灰绿色或淡褐色并逐渐向植株上部扩展。病斑常相互合并为不规则形状，边缘灰褐色，中央灰白色（图 1-5）。肉眼常可见叶表气生菌丝纠成的菌核（孙连飞，2008）。

图 1-5　稻纹枯病症状（http://www.hyzhibao.com/2012/0704/2330.html）

（2）发病规律。病菌主要以菌核在土壤中越冬，也能以菌丝体在病残体上或在田间杂草等其他寄主上越冬。翌年春灌时菌核飘浮于水面与其他杂物混在一起，插秧后菌核黏附于稻株近水面的叶鞘上，适温、高湿条件下生出菌丝侵入叶鞘组织为害，气生菌丝又侵染邻近植株。水稻拔节期病情开始加重，病害向横向、纵向扩展，抽穗前以叶鞘为害为主，抽穗后向叶片、穗颈部扩展。早期落入水中的菌核也可引发稻株再侵染。早稻菌核是晚稻纹枯病的主要侵染源。菌核数量是引起发病的主要原因。据统计，每亩*有 6 万粒以上菌核，遇适宜条件就可引发纹枯病流行。水稻纹枯病适宜在高温、高湿条件下发生和流行，气温 18～34℃都可发生，以 22～28℃最适宜。日光能抑制菌丝生长，促进菌核的形成。水稻生长前期雨天多、湿度大、气温偏低，病情扩展缓慢，中后期湿度大、气温高，病情迅速扩展，后期高温干燥抑制了病情。气温 20℃以上，相对湿度大于 90%时，纹枯病开始发生；气温在 28～32℃，遇连续降雨，病害发展迅速；气温降至 20℃以下，田间相对湿度小于 85%时，发病迟缓或停止发病。长期深灌，偏施、迟施氮肥，水稻郁闭、徒长会促进纹枯病发生和蔓延。

3. 稻曲病

稻曲病是水稻生长后期发生的一种真菌性病害，近年来在我国各地稻区普遍发生，且逐年加重，已成为水稻主要病害之一。稻曲病仅在水稻开花以后至乳熟期的穗部发生，且主要分布在稻穗的中下部。稻曲病使稻谷千粒重降低、产量下降、秕谷和碎米增加、出米率和品质降低。此病菌含有对人、畜、禽有毒的物质及致病色素，可造成直接和间接的伤害。

（1）主要症状。病菌为害稻穗上的部分谷粒，先在颖壳的合缝处露出黄绿色小菌块，逐渐膨大，最后包裹全颖壳，形状比健谷大 3～4 倍，为墨绿色或橄榄色，表面平滑，最后开裂，布满墨绿色粉末（图 1-6）。以病菌落入田块或附在种子表面越冬，翌年在水稻孕穗期孢子随雨水、露水落入植株幼穗部位，侵入花器发病。孕穗末期至抽穗期，雨水偏多，有利发病；氮肥过多，穗肥过重，群体过大，则发病重。

---

* 1 亩≈666.67m^2。

图 1-6　稻曲病症状（http://www.worlduc.com/blog2012.aspx?bid=45335824）

（2）发病规律。稻曲病菌以落入土中的菌核或附于种子上的厚垣孢子越冬。翌年菌核萌发产生厚垣孢子，由厚垣孢子再生小孢子及子囊孢子进行初侵染。气温 24～32℃时病菌发育良好，26～28℃最适，低于 12℃或高于 36℃不能生长（赵文生和彭友良，2013）。关于稻曲病侵染的时期，有学者认为在水稻孕穗至开花期侵染为主，有的认为厚垣孢子萌发侵入幼芽，随植株生长侵入花器为害，造成谷粒发病，形成稻曲。抽穗扬花期遇雨及低温则发病重，抽穗早的品种发病较轻，施氮过量或穗肥过重会加重病害发生，连作地块发病重。

4. 白叶枯病

白叶枯病是水稻病害之一，病株叶尖及边缘初生黄绿色斑点，后沿叶脉发展成苍白色、黄褐色长条斑，最后变灰白色而枯死。病株易倒伏，稻穗不实率增加。病菌在种子和有病稻草上越冬传播。分蘖期病害开始发展。高温多湿、暴风雨、稻田受涝及氮肥过多时有利于病害流行。

（1）主要症状。水稻整个生育期均可受害，苗期、分蘖期受害最重，各个器官均可染病，叶片最易染病。其症状因病菌侵入部位、品种抗病性、环境条件有较大差异，常见症状有 3 种类型（王琦等，2009）。①叶枯型：主要为害叶片，严重时也为害叶鞘，发病从叶尖或叶缘开始，先出现暗绿色水浸状线状斑，很快沿线状斑形成黄白色病斑，然后沿叶缘两侧或中肋扩展，变成黄褐色，最后呈枯白色，病斑边缘界限明显。在抗病品种上病斑边缘呈不规则波纹状。感病品种上病叶灰绿色，失水快，内卷呈青枯状，多表现在叶片上部。②急性凋萎型：苗期至分蘖期病菌从根系或茎基部伤口侵入维管束时易发病。主茎或 2 个以上分蘖常同时发病，心叶失水青枯，凋萎死亡，其余叶片先后青枯卷曲，然后全株枯死，也有仅心叶枯死。病株茎内腔有大量菌脓，有的叶鞘基部发病呈黄褐色或褐色，折断用手挤压会溢出大量黄色菌脓。有的水稻自分蘖至孕穗阶段，剑叶或其下 1～3 叶中脉淡黄色，病斑沿中脉上、下延伸，上可达叶尖，下达叶鞘，有时叶片折叠，病株未抽穗而死。③褐斑或褐变型：在抗病品种上较多见，病菌通过伤口侵入，在气温低或不利发病的条件下，病斑外围出现褐色坏死反应带，病情扩展停滞。黄化型症状不多见，早期心叶不枯死，上面有不规则褪绿斑，后期发展为枯黄斑，病叶基部偶有水浸状断续小条斑。天气潮湿或晨露未干时上述各类病叶上均可见乳白色小点，干后结成黄色小胶粒，易脱落。水稻白叶枯病造成的枯心苗，在分蘖期病株心叶或心叶以下 1～2 层叶出现失水、卷筒、青枯等症状，最后死亡。白叶枯病形成枯心苗后，其他叶片也逐渐青枯卷缩，最后全株枯死。剥开新青卷的心叶或折断的茎部或切断病叶，用力挤压，可见有黄白色菌脓溢出，即病原菌菌脓。水稻白叶枯病症状如图 1-7 所示。

图 1-7 水稻白叶枯病症状（http://blog.sina.com.cn/s/blog_71597ed80100ti0k.html）

（2）发病规律。白叶枯病初侵染源在新病区以病种为主，在老病区以病稻草为主。病菌在病种、病草和病稻茬上越冬。翌年播种时，越冬病菌遇水大量释放病菌，经流水传播至秧田，从秧田叶片的水孔或伤口进入，成为带菌苗。当带菌苗移栽至大田后，于分蘖末期稻株抗病力下降时开始发病，此病苗称为中心病株。病菌从病叶排水组织排出，借风雨、水流和农事操作等传播，不断进行再侵染。不同的水稻品种对白叶枯病的抗性存在差异。粳稻较籼稻抗病，窄叶品种比宽叶品种抗病，耐肥品种较不耐肥品种发病轻。同一品种苗期抗性较高，到分蘖末期抗性开始下降，孕穗、抽穗期最易感病（罗汉钢，2010）。

1.1.3　小麦主要病害识别

小麦是我国重要的粮食作物，在国民经济中占有举足轻重的作用。然而，小麦在整个生育期总是会受到病虫害的侵袭，这在很大程度上影响了小麦的产量和品质，也挫伤了农业生产者的积极性。正确识别小麦主要病虫害，做好小麦病虫害的防治工作，对促进农民增收和稳定国家粮食生产意义重大（王旭光，2015）。小麦主要的 4 种病害为小麦锈病、小麦赤霉病、纹枯病、丛矮病，各病害识别特点如下。

1. 小麦锈病

小麦锈病分为条锈病、叶锈病和秆锈病 3 种。小麦锈病是我国小麦上发生面积广、为害最重的一类病害。条锈病主要为害小麦；叶锈病一般只侵染小麦；秆锈病除侵染小麦外，还侵染大麦和一些禾本科杂草。

（1）主要症状。小麦条锈病主要为害叶片，也可为害叶鞘、茎秆和穗部（图 1-8）。初期，在受害部位出现褪绿斑点，以后产生鲜黄色疱状夏孢子堆，随后夏孢子堆表皮破裂，出现鲜黄色粉状物。夏孢子堆寄主表皮开裂不明显。夏孢子堆小，狭长形至长椭圆形，成株期与叶脉平行排列成行，呈虚线状，幼苗期呈多层轮状排列。后期当环境条件不适宜夏孢子发生时，夏孢子堆转化为黑色、狭长形冬孢子。冬孢子堆短线状，扁平，常多个融合，埋伏在表皮下，表皮不破裂。

图 1-8　小麦条锈病症状

（http://zky.taru.edu.cn/zlgcxm/jxjczy/zwbjpjbbzyjs/firstpage/nry/wznr.jsp?urltype=news.NewsContentUrl&wbtreeid=13276&wbnewsid=270822&archive=0）

小麦叶锈病主要为害叶片，叶鞘和茎秆上少见。夏孢子堆在叶片上散生，橘红色，孢子堆中等大小，圆形至长椭圆形。夏孢子堆偶尔穿透叶片，一般情况下不穿透叶片，背面的夏孢子堆较正面的小，寄主表皮开裂一圈。后期形成冬孢子堆，黑色，圆形至长椭圆形，主要产生在叶背面和叶鞘上，表皮不破裂。小麦叶锈病症状如图 1-9 所示。

图 1-9　小麦叶锈病症状

（http://www.xjzb.gov.cn/zhiwu/zhibao/aletai/la2/201607/7706.html）

小麦秆锈病主要为害茎秆和叶鞘，也可为害穗部。夏孢子堆排列散乱，无规则，深褐色，孢子堆大，长椭圆形。夏孢子堆穿透叶片能力较强，同一侵染点在正、反面都可出现孢子堆，而叶背面的孢子堆较正面的大；寄主表皮大片开裂，常呈窗口状向两侧翻卷。后期产生黑色冬孢子堆，长椭圆形至狭长形，冬孢子堆表皮破裂、卷起。小麦秆锈病症状如图 1-10 所示。

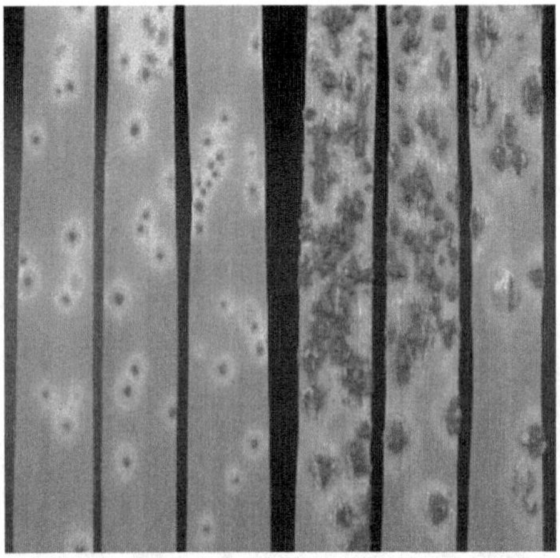

图 1-10　小麦秆锈病症状（https://baike.baidu.com/pic/小麦秆锈病/6613907/0/d50735fae6cd7b898e84dd2d0d2442a7d8330eb7?fr=newalbum#aid=0&pic=7acb0a46f21fbe091ad724ba69600c338644ad97）

3 种锈病的症状可根据其夏孢子堆和冬孢子堆的形状、大小、颜色、着生部位和排列来区分。老百姓形容 3 种锈病为“条锈成行，叶锈乱，秆锈是个大红斑”，利用这一点可形象地区分小麦 3 种锈病。

（2）发病规律。病菌主要以夏孢子和菌丝体在小麦和禾本科杂草上越夏和越冬。越夏病菌可使秋季麦苗发病。春季，越冬病菌直接侵害小麦或靠气流从远方传来病菌，使小麦发病。锈病发病程度与小麦品种抗病性有关，易感病的品种发病较重。春季气温偏高和多雨年份、植株密度较大以及越冬病菌量或外来病菌较多时，容易发生锈病流行（赵广才，2005）。

2. 小麦赤霉病

小麦赤霉病别名麦穗枯、烂麦头、红麦头，是小麦的主要病害之一。

小麦赤霉病在全世界普遍发生，主要分布于潮湿和半潮湿区域，尤其气候湿润多雨的温带地区受害严重。从幼苗到抽穗都可受害，主要引起苗枯、茎基腐、穗腐和秆腐，其中为害最严重的是穗腐。

（1）主要症状。小麦从苗期到成熟都能受害，赤霉病可引起苗枯、茎基腐、穗腐和秆腐等症状，其中以穗腐最为严重。小麦赤霉病症状如图 1-11 所示。

图 1-11　小麦赤霉病症状（http://zhongdi168.com/xm-info-7038.htm）

① 苗枯：幼苗受害后芽鞘与根变褐枯死。

② 茎基腐：感病初期，茎秆基部变褐软腐，以后凹缩，导致植株枯萎死亡。

③ 穗腐：小麦在抽穗扬花期受病菌侵染，先在个别小穗上发病，后逐渐扩展，病部出现水渍状淡褐色病斑，逐渐扩大成枯黄色，生成粉红色霉层（分生孢子），后期出现黑色颗粒（子囊壳）。

④ 秆腐：初期在旗叶的叶鞘基部变成棕褐色，后扩展到节部，上面出现红色霉层，病株易折断。

（2）发病规律。小麦赤霉病菌在土表的秸秆残茬上越冬。带菌种子播种后，可引起麦苗发病。春季形成子囊壳，产生子囊孢子，借风、雨传播侵染，病害发生受天气影响很大。在有大量菌源存在的条件下，小麦抽穗至扬花期遇到闷热、阴雨连绵或潮湿多雾的天气，容易造成病害流行。

3. 纹枯病

纹枯病属土传性病害，在整个生育期均可浸染发病。

（1）主要症状。小麦纹枯病会引起小麦在不同生育阶段出现烂芽、病苗枯死、花秆烂茎、枯株白穗等症状。小麦纹枯病症状如图 1-12 所示。

图 1-12　小麦纹枯病症状（http://www.haonongzi.com/m/ninfo.asp?id=59693）

① 烂芽：芽鞘褐变，后芽枯死腐烂，不能出土。

② 病苗枯死：发生在 3～4 叶期，感病初仅第一叶鞘上呈中间灰色、四周褐色的病斑，后因抽不出新叶而致病苗枯死。

③ 花秆烂茎：拔节后在基部叶鞘上形成中间灰色、边缘浅褐色的云纹状病斑，病斑融合后，茎基部呈云纹花秆状。

④ 枯株白穗：病菌侵入茎壁后，形成中间灰褐色、四周褐色的近圆形或椭圆形病斑，造成茎壁失水坏死，最后病株因养分、水分供不应求而枯死，形成枯株白穗。此外，有时该病还可形成病侵交界处不明显的褐色病斑。近年来，由于品种、栽培制度、肥水条件的改变，该病害逐年加重，发病早的减产 20%～40%。

（2）发病规律。纹枯病菌以散落土壤中的小菌核和病残体中的菌丝体越夏或越冬，成为为害下一季麦类的初侵染菌源。带有小菌核或病残体的土壤与未腐熟的农家肥都可以传病。病原菌可以直接穿透叶鞘表皮而侵入幼苗，也可以由根部的伤口侵入。在整个生育期，病害发展经历几个连续的阶段，不断由植株基部向上发展，由少数病株向周围健株扩展。以江苏省冬小麦为例，据多年多点调查研究，发现纹枯病周年发病经历下述5个阶段（商鸿生和王凤葵，2015）。

① 冬前发病阶段：种子发芽后即可被病原菌侵染，接触土壤的芽鞘是主要侵染部位，因而病株多在地面附近表现症状。早播田冬前病株率可达10%～30%，严重田块可达50%以上。冬前病株后续发病较重，在生育后期多产生白穗症状。

② 越冬阶段：病株带菌越冬，主要带菌部位是内层叶鞘。从第二层叶鞘至第四层叶鞘，带菌率逐层增加。最外层叶鞘当然也带菌，但这层叶鞘在越冬过程中枯死，带菌率随叶鞘枯死而下降。

③ 病害横向扩展阶段：早春麦苗返青后，从2月中下旬至4月上旬，随着气温上升，在病株上越冬的纹枯病菌开始活跃生长，菌丝由病株向附近扩展，接触并侵染病株周围的健株，病株数目逐渐增多。在小麦分蘖末期至拔节期，田间新病株大量出现。这一阶段以病株数目增多、发病面积增大为主要特点，因此称为横向扩展阶段。

④ 病株严重度增长阶段：4月中旬以后，随着麦株基部节间伸长，病原菌也向茎节内部蔓延，以至穿过叶鞘，扩展到茎秆，并侵入茎秆内部，这称为“侵茎”。同时，病原菌还向病株上位蔓延，发病叶鞘的位次与产生病斑的高度不断上升，病节数与病茎数激增，茎秆上和节腔里的病斑也迅速扩大。病害的上位发展，造成发病严重度增高，小分蘖死亡。严重度增长高峰出现在麦株拔节后期至孕穗期。

⑤ 枯白穗显症期：5月上中旬以后，病斑高度、病叶鞘位次和发病茎数趋于稳定。此时病株因茎节输导组织受到损害，严重削弱了由根部向茎叶运输水分、养分的能力，短期内田间出现大量枯孕穗与枯白穗。因病株水分平衡被破坏，遇雨后骤晴，病株还可能迅速失水而枯死。另外，病株茎秆受到损害，支撑能力减弱，易于倒伏。

在发病高峰期以后，病株上产生多数小菌核，小菌核成熟后落入土壤中，在土壤中越夏，成为侵染下一季小麦的初侵染菌源。

纹枯病的流行受到一系列农田生态因素的影响。大面积栽培高度感病的品种是纹枯病大发生的基本条件。20世纪70年代以后，纹枯病趋于严重，就是因为各地主栽品种高度感病的缘故。

小麦的各个生育期都可能被病原菌侵染，但以生育早期最感病，随着株龄的增长，感病性逐渐降低。抽穗期以后，特别是乳熟期以后，纹枯病菌侵染减少，病斑减小，发病多局限于麦株表层。

耕作和栽培措施对纹枯病的发生有重要影响。连作年限加长会使土壤中小菌核增多，积累的菌量加大，发病越来越重。有学者对麦、稻两熟田作过详细调查，发现间隔 1 年换茬的田块，平均每公顷有 61.5 万～94.5 万粒小菌核；间隔 2 年换茬的，平均每公顷有小菌核 123 万～127.5 万粒；而间隔 4 年换茬的，每公顷小菌核数高达 273 万～540 万粒。

免耕法和少耕法是麦田耕作新技术，近年推广面积有所扩大。免耕田和少耕田杂草多，纹枯病严重。但若实施化学除草来控制杂草发生，合理密植施肥，则免耕田和少耕田中纹枯病的发生与常规耕作麦田无明显差异。

播种期与播种量也是影响纹枯病发生的重要因素。早播麦田冬前侵染多，病情严重。播量过大、植株密度高、麦田郁闭、通风透光差、湿度高时发病加重。撒播田通风透光条件不如条播田，湿度也较高，发病重于条播田。

重施氮肥，或氮肥与磷肥、钾肥、有机肥之间配合不好，会使麦株养分失衡，发育旺而不壮，组织柔嫩，抗病能力低，适于纹枯病菌侵染。麦株生长过旺会使麦田郁闭，湿度增高。与密植麦田、杂草过多的麦田一样，植株生长过旺的麦田可能成为重病田。地下水位高、低洼多湿的田块，以及偏酸性砂壤土田块，都有利于纹枯病发生。

气象因素对纹枯病流行也有重要作用。冬小麦苗期气温和降水量高于常年，冬前纹枯病菌侵染增多。小麦越冬期间气温较高，降水较多时，有利于病原菌越冬存活，春季侵染增多。若越冬期遇低温，麦苗发生冻害，生机被严重削弱，则可造成大量死苗和茎腐。春季气温回升快，降水偏多，有利于纹枯病扩展，病情和损失加重。3～5 月的雨量和雨日数，往往是决定当季流行程度的主导因素。

4. 丛矮病

（1）主要症状。典型症状为病株极度矮化，分蘖很多，像草丛一样

（图 1-13）。小麦全生育期都可被侵染。苗期病株心叶上常有黄白色断续的细线条，长短不一，后变为黄绿相间的不均匀条纹。病苗多在越冬期死亡，残存的生长纤弱，分蘖增多，不能拔节或虽可拔节，但严重矮化而不能抽穗。冬前染病较晚的未显症病株以及早春被侵染的植株，在拔节期陆续显症，不能全部抽穗，即使抽穗，也不结实或结实不良。在拔节期被侵染的病株，新生叶片出现条纹，能够抽穗，但穗粒数减少，籽粒秕瘦。孕穗期后被侵染的植株症状不明显。

图 1-13　小麦丛矮病症状（http://12582.10086.cn/main/News/Detail/8126412）

（2）发病规律。该病是由灰飞虱传播的一种病毒病。灰飞虱传毒能力强，1～2 龄若虫易传毒，可终生传毒，但不经卵传播。秋季小麦播种出苗后，灰飞虱从杂草或其他寄主迁入麦田为害并传毒。夏季多雨，杂草繁茂有利于灰飞虱越夏和增殖，间作套种田发病较重。

1.1.4　棉花主要病害识别

棉花从播种到收获可能遭受 40 多种病害的危害，在我国危害严重的当属棉花黄、枯萎病，其次是铃病和苗病。每年由病害造成的经济损失约为 15%。我国棉花病害的研究工作已有近百年的历史，尤其是 1972 年“全国棉花枯、黄萎病防治研究协作组”的成立，带动棉花病害的研究工作进入一个新的阶段，在许多方面取得了有目共睹的进展，为我国棉花生产的可持续发展作出了不可磨灭的贡献（朱荷琴，2007）。我国棉花主要病害有棉苗红腐病、黄萎病、枯萎病、立枯病等，各病害识别特点如下。

1. 棉苗红腐病

（1）主要症状。棉苗红腐病主要发生在胚茎和根部，也可为害子叶和真叶。棉苗出土前受害，幼芽会变成红褐色，可烂在土中。出土的幼苗根部生病后，根尖先由黄色变褐色腐烂，以后蔓延到全根，还可发展到幼茎地面部分，重病苗枯死。病斑不凹陷，土面以上受害的嫩茎和幼根变粗是该病的重要特征（图 1-14），随后病部可变为黑褐色腐烂。子叶或真叶发病后，多在边缘生有灰红色不规则或近圆形病斑，病斑扩大后常破裂，潮湿时表面产生粉红色霉层，即病菌孢子。棉铃上病斑形状不规则，外有红粉，常粘在一起成为粉红色块状物，重病铃则不开裂成为僵瓣（崔金杰等，2004）。红腐病的症状往往难与其他病害区分，尤其是易与疫病混淆。

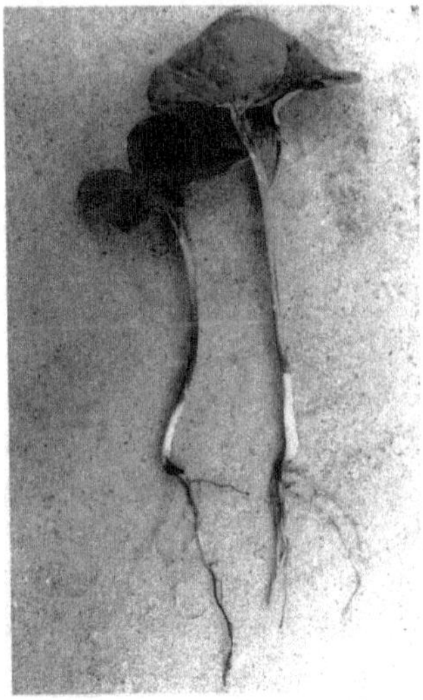

图 1-14　棉苗红腐病症状

（2）发病规律。病菌随病残体或在土壤中腐生越冬，病菌产生的分生孢子和菌丝体成为翌年的初侵染源。播种后即侵入为害幼芽或幼苗。铃期分生孢子或菌丝体借风、雨、昆虫等媒介传播到棉铃上，从伤口侵入造成烂铃，病铃使种子内、外部均带菌，形成新的侵染循环。日照少、雨量大、雨日多可造成大流行。苗期低温、高湿发病较重。铃期多雨、低温、湿度大时也易发病。

2. 黄萎病

（1）主要症状。黄萎病菌能在棉花整个生长期侵染为害。自然条件下，一般在播后 1 个月后出现病株。由于受棉花品种抗病性、病原菌致病力及环境条件的影响，黄萎病呈现不同症状类型。棉花黄萎病病叶见图 1-15。

图 1-15　棉花黄萎病病叶

① 幼苗期：在温室和人工病圃里，2～4 片真叶期的棉苗即开始发病。苗期黄萎病的症状是病叶边缘开始褪绿发软，呈失水状，叶脉间出现不规则淡黄色病斑，病斑逐渐扩大，变褐干枯，维管束明显变色。

② 成株期：在自然条件下，棉花现蕾以后才逐渐发病，一般在 7、8 月开花结铃期发病达到高峰。近年来，其症状呈多样化的趋势。常见的症征有：病株由下部叶片开始发病，逐渐向上发展，病叶边缘稍向上卷曲，叶脉间产生淡黄色不规则的斑块，叶脉附近仍保持绿色，呈掌状花斑，类似西瓜皮状；有时叶脉间出现紫红色失水萎蔫，呈不规则的斑块，斑块逐渐扩大，变成褐色枯斑，甚至整个叶片枯焦，脱落成光秆；有时在病株的茎部或落叶的叶腋里，可发出赘芽和枝叶。黄萎病株一般并不矮缩，还能结少量棉桃，但早期发病的重病株有时也变得较矮小。在棉花铃期，盛夏久旱后遇暴雨或大水漫灌时，田间有些病株常发生一种急

性型黄萎症状，先是棉叶呈水烫状，继而突然萎垂，迅速脱落成光秆。剖开茎秆检查维管束，从茎秆到枝条甚至叶柄，内部维管束全部变色。一般情况下，黄萎病株茎秆内维管束显黄褐色条纹。

（2）发病规律。病菌的寄主范围很广，能侵染 40 科 600 多种植物。种子带菌是远距离传病的主要方式。病株根、茎、叶、铃、壳等均可带菌，病菌在土壤中的病残体上能存活 6～7 年。在黄萎病田连作年限长、土壤内菌量大的情况下，7、8 月气温高低是当年发病轻重的关键因素。

3. 枯萎病

（1）主要症状。枯萎病在棉花幼苗期即可表现症状，在 3～4 片真叶期或现蕾期达到发病高峰，病株大量萎蔫死亡。夏季高温时，病情停止发展，症状趋向隐蔽。秋季多雨、温度下降时，病株再次表现症状，叶片、蕾铃大量脱落，重者枯死。棉花枯萎病症状如图 1-16 所示。

图 1-16　棉花枯萎病症状

棉花枯萎病症状有黄色网纹型、紫红型、黄化型、青枯型、枯斑型和皱缩型等类型。早春气温较低且不稳定时常出现紫红型和黄化型症状，条件适宜时多出现黄色网纹型。夏季雨后骤晴，易出现青枯型。重病株上叶片呈现皱缩型、枯斑型（包括西瓜皮型）等。秋季多雨潮湿条件下，枯死的病株茎秆及节部产生粉红色霉层（分生孢子梗和分生孢子）。以下

3 种类型为棉花枯萎病常见的早期典型症状。

① 黄色网纹型：子叶或真叶叶脉变黄，叶肉仍保持绿色，形成黄色网纹状。随着病情加重，叶片逐渐萎蔫，最后枯死、脱落。

② 青枯型：叶片失水干枯，但保持绿色，全株或植株一边的部分叶片萎蔫下垂、枯死、脱落。

③ 皱缩型：叶片深绿，皱缩、增厚，叶缘下卷，最后脱落。

同一病株可同时出现多种症状。病株的共同特征是：植株矮小，节间粗短，主茎扭曲，根、茎内部的导管变黑褐色。

（2）发病规律。在土温低、湿度大的情况下，棉花枯萎病菌菌丝体生长快；反之，在土温高而干燥的条件下，菌丝体生长慢。当气候条件有利于病菌繁殖而不利于棉花生长发育时，棉株感病严重。棉花生育过程中，一般会出现两个发病高峰。5 月上中旬地温上升至 20℃左右时，田间开始出现病苗；到 6 月中下旬地温上升至 25～30℃，大气相对湿度达 70%左右时，发病最盛，常造成大量死苗，出现第一个发病高峰。待到 7 月中下旬入伏以后，土温上升至 30℃以上，此时病菌的生长受到抑制，而棉花长势转旺，病状即趋于隐蔽，有些病株甚至能恢复生长，抽出新的枝叶；8 月中旬以后，当土温降至 25℃左右时，病势再次回升，常出现第二个发病高峰。雨量和土壤湿度也是影响枯萎病发展的重要因素，若 5、6 月份雨水多，雨天持续 1 周以上，发病就重。地下水位高或排水不良的低洼棉田一般发病也重。雨水还有降低土温的作用，每当夏季暴雨之后，由于土温下降，往往引起病势回升，诱发急性萎蔫性枯萎病的大量发生。但土温低于 17℃，空气相对湿度低于 35%或高于 95%时则不利于枯萎病的发生（陆宴辉等，2010）。

枯萎病菌在棉田定植以后，若连作感病棉花品种，则随着年限的增加，土壤中病菌量积累越多，病害就会越严重。棉田地势低洼、排水不良，或者灌溉棉区，一般枯萎病发病较重。灌溉方式和灌水量都能影响发病，大水漫灌往往起到传播病菌的作用，并造成土壤含水量过高，不利于棉株生长而有利于病害的发展。营养失调也是促成寄主感病的诱因。氮、磷是棉花不可缺少的营养，但偏施或重施氮肥，反而能助长病害的发生。氮、磷、钾配合适量施用，将有助于提高棉花产量和控制病害发生。

棉田线虫是枯萎病发生的诱因之一。美国学者认为，枯萎病和线虫病是相互联系的复合性病害。棉田线虫侵害棉花根系，造成伤口，诱发枯萎病发生。枯萎病菌和线虫混接与单接枯萎病菌相比，其发病率增高。同时，感病的棉株根周围线虫数量较抗病品种为多。

枯萎病发病时期与棉花生育期有密切关系。现蕾前后进入发病盛期，若现蕾期推后，则发病高峰也顺延，发病高峰的出现不因早播而提前。

不同的棉花品种对枯萎病的抗性有很大差异。一般亚洲棉对枯萎病抗病性较强，陆地棉次之，海岛棉较差。陆地棉各品种对枯萎病的抗性差异显著，如 86-1 号、中棉所 12 号等品种抗病性很强，33B 属耐病品种，而岱新陆早 7 号、军棉 1 号等品种则易感病。20 世纪 80 年代中期以后，随着我国棉花品种抗枯萎病性能的提高，棉花枯萎病在生产上已很难见到。90 年代以后，我国棉花品种大部分成为抗枯萎病品种，除新疆棉区外，黄河及长江流域棉区的棉花枯萎病已基本上被有效控制。

枯萎病对棉株生育的影响很大，在苗期即引起大量死苗，造成严重的缺苗断垄，甚至毁种。幸存的棉株，大多生长衰弱或半边枯死，病株的蕾铃脱落增加，现蕾数及结铃数显著减少，铃重减轻，直接影响种子的成熟度和发芽率，纤维的长度和强度也受影响。

4. 立枯病

（1）主要症状。立枯病主要在棉花苗期为害，棉花播种后至出苗前被病菌感染，内部变褐腐烂，即烂种；受害轻的种子虽能萌发，但幼芽呈黄褐色，不久腐烂，即烂芽；棉苗出土后，被病菌感染的幼苗，在根部和近地面的茎基部产生黄褐色病斑，有明显的缢缩，后扩大呈黑褐色，并组建凹陷腐烂，即烂根或茎基腐（图 1-17）。优势病斑凹陷不明显，但是上下扩展很快，可产生长短不等的纵裂。发病严重的病苗呈立枯状，拔起病苗，茎基部以下皮层易脱落，仅存尖细的鼠尾状木质部。子叶受害后形成不规则黄褐色病斑，以后病部干枯脱落成穿孔状。轻病株仅根和根茎部皮层受害变褐，气温上升后可恢复生长。潮湿时，在病株周围可见蛛丝状菌丝。

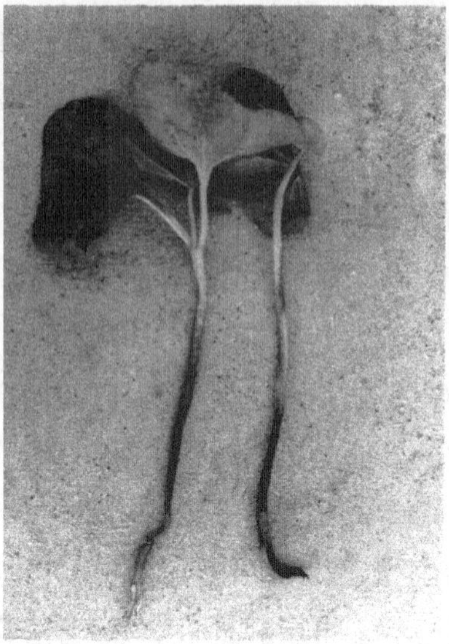

图 1-17 棉苗立枯病症状

（2）发病规律。病菌是以菌丝体和菌核在土壤和土壤内病残体中越冬，越冬的菌核和菌丝，成为翌年发病的主要初次侵染来源。菌丝在土壤中扩展蔓延，重复侵染，甚至为害成株基部。菌核通过农事操作随人、畜、农具及流水等进行传播。连作棉田、地势低洼、排水不良、土壤黏重、整地粗放、播种过早、覆土太厚、播种后遇低温多雨等都不利于棉苗生长，有利于病菌侵染，且发病重。随着棉苗生长，抗病力增强，发病也减轻。

1.1.5 蔬菜主要病害识别

蔬菜的病害按其成因可分为非侵染性病害与侵染性病害两大类。非侵染性病害是由于环境条件不适或栽培技术不当引起的病害，是不会传染的，在田间受环境条件的变化而变化，环境好转可以恢复常态，没有蔓延传播的迹象，这类病害又叫生理性病害，如烈日高温引起的日烧病，施肥不当引起的烧根，水分过多引起的沤根、缺钙引起的番茄脐腐病，缺硼产生芹菜“茎裂病”、萝卜“褐心病”（不是细菌性黑心病）等。侵染性病害是由于病原微生物侵入寄生引起的，是可以传染的，它有由表及里发展的病理变化过程和由点到面的蔓延流行过程。侵染性病害按其致病微生物的不同可分为真菌性病害、细菌性病害、病毒病、线虫病等，不同的病害有不同的症状（徐毅，2005）。蔬菜主要病害有病毒病、霜霉病、菌核病、炭疽病等，几种病害的识别特点如下。

1. 大白菜病毒病

（1）主要症状。大白菜苗期、成株期和采种株均可发病，以苗期发病为主。苗期发病，心叶明脉或沿叶脉失绿，表现花叶及皱缩。成株期受害，轻者病株畸形，轻度矮化，仅表现半边皱缩，矮化，但仍能结球，内层叶上产生灰褐色斑点。重者叶片严重皱缩，质硬而脆，上生许多褐色斑点，叶背叶脉上生褐色稍凹陷坏死条斑，并出现裂痕，病株严重矮化畸形，不结球。重病株根系不发达，主根切面呈黄褐色。采种株发病，新叶明脉，老叶叶脉坏死，花瓣色淡，果荚瘦小，籽粒干瘪，种子发芽率低。

（2）发病规律。①传播方式：在北方，病毒在窖藏的白菜上越冬，或在宿根作物及田间杂草上越冬。通过蚜虫和汁液摩擦传播蔓延。从越冬寄主传到春菜，经夏菜寄主传到秋大白菜和萝卜上（刘海河和张彦萍，2009）。②发病条件：苗期气温高或干旱，发病重。幼苗7叶期以前易感病，受侵染后不能结球。侵染越早，发病越重。十字花科蔬菜邻作或连作时发病重。

2. 黄瓜霜霉病

（1）主要症状。黄瓜幼苗出土后，子叶就可以发病，出现小枯斑或褪绿斑，严重时叶片逐渐变黄，后期叶片干枯。叶片染病，在发病初期出现不规则形的水渍状病斑，随着病情加重病斑渐渐变为黄色，病斑受叶脉限制呈多角形。在潮湿的情况下，叶背的病斑处长出紫褐至黑色的霉层，病斑由黄变褐，进而扩展到整个叶片，引起叶片迅速枯死。黄瓜霜霉病症状如图1-18所示。

（2）发病规律。黄瓜霜霉病的发生发展与温度、湿度有密切关系。孢子囊产生的最适湿度为15%～19%；但空气湿度低于60%则不产生，超过83%以上大量产生。孢子囊萌发最适温度为15～22℃。叶面有水膜或水滴时，极易从气孔侵染发病。当气温 20℃，空气相对湿度饱和时，

图 1-18 黄瓜霜霉病症状

（http://news.163.com/15/1103/02/B7FBUS0E00014AED.html）

经 6～12h 便侵染，3～4d 后发病。田间始发期平均气温为 15～16℃，流行期气温为 20～24℃，高于 30℃或低于 15℃时发病受抑制。多雨潮湿有利本病发生。当气温 15～24℃，降雨次数多或大雾、重雾时，病害容易流行发生。地势低洼、种植过密、通风不良、肥料不足、瓜秧生长衰弱等，也易诱发黄瓜霜霉病。南方或北方有温室或塑料大棚，周年可种植黄瓜的地区，病菌在病叶上越冬或越夏，北方冬季不能种植黄瓜的地区，则靠季风从邻近地区把孢子囊吹去。该病主要侵害功能叶片，幼叶片和老叶片受害少（袁培祥等，2013）。

3. 甘蓝菌核病

（1）主要症状。甘蓝菌核病的病原物为核盘菌，属子囊菌亚门真菌。其主要为害大白菜、普通白菜、紫菜薹等白菜类蔬菜，贮藏期菜帮及田间植株均可受害。幼苗期轻病株无明显症状，重病株根茎腐烂并生白霉，大田栽植后病情不断扩展，至抽薹后达高峰。病株茎秆上出现浅褐色凹陷病斑，后转为白色，终致皮层朽腐，纤维散离成乱麻状，茎腔中空，内生黑色鼠粪状菌核。在高湿条件下，病部表面长出白色棉絮状菌丝体和黑色菌核。受害轻的造成烂根，致发育不良或烂茎，植株矮小，产量降低；受害严重的茎秆折断，植株枯死（许晓风，2006），见图 1-19。

图 1-19　甘蓝菌核病症状（http://tn.news.tnn.tw/news.html?c=11&id=24962）

（2）发病规律。菌丝生长发育和菌核形成适温为 0～30℃，最适温度 20℃，最适相对湿度为 85% 以上。菌核可不休眠，5～20℃及较高的土壤湿度均可萌发，其中以 15℃为最适温度。在潮湿土壤中菌核能存活 1 年，干燥土中可存活 3 年。子囊孢子在 0～35℃均可萌发，但以 5～10℃为适温，萌发经 48h 完成。病菌主要以菌核混在土壤中或附着在采种株上、混杂在种子间越冬或越夏。春、秋两季多雨潮湿，菌核易萌发，产生子囊盘放射出子囊孢子，借气流传播。子囊孢子在衰老的叶片上进行初侵染引起发病，后病部长出菌丝和菌核，在田间菌丝通过病健株或病健组织的接触进行再侵染，到生长后期又形成菌核越冬。白菜菌核病属子囊孢子气传病害类型，其特点是气传的子囊孢子致病力强，从寄主的花、衰老叶或伤口侵入，以病健组织接触进行再侵染。

4. 辣椒炭疽病

（1）主要症状。辣椒炭疽病主要为害辣椒叶片和果实，特别是近成熟期的果实和老叶。辣椒炭疽病症状如图 1-20 所示。果实病斑凹陷呈半软腐状，褐色、圆形或不规则形，常有略隆起的同心轮纹，其上密生轮状排列的小黑点或者橙红色的黏状小点。干燥时病组织薄纸状，易破裂。叶片病斑圆形或不规则形，边缘褐色，中央灰白，病斑表面也有轮状排列的小黑点。茎和果梗上病斑褐色，形状不规则，略凹陷，干燥时表皮易破。

图 1-20　辣椒炭疽病症状

（2）发病规律。该病发生与温度、湿度有密切的关系。一般情况下，温暖多雨有利于炭疽病的发生和发展。炭疽病病菌生长温度为 12～33℃，最适温度为 27℃；相对湿度为 95%左右，低于 70%的湿度不适合其发育。品种间抗病性是有差异的，甜椒最易感病，杭州鸡爪椒较抗病，成熟果或近成熟果容易受害，幼果很少发病（袁培祥等，2013）。田间排水不良、种植过密、施肥不足或氮肥过多及各种引起果实受损伤的因素，都会使炭疽病菌以分生孢子附着在种子表面或以菌丝潜伏在种子内越冬。炭疽病菌也可以菌丝体、分生孢子特别是分生孢子盘在病株残体上遗留，在土壤中越冬，成为第二年的初侵染来源。发病后病斑上产生新的分生孢子，通过雨水、昆虫等媒介物的传播进行再次侵染。孢子萌发后，其芽管多由伤口侵入，而红色炭疽病菌还可以从寄主表皮直接侵入。

1.2　农业虫害的识别

昆虫与人类的关系极为密切，其中许多以植物为食的昆虫种类成为农作物的重要害虫，有为害茎秆的稻螟虫、玉米螟，有咬食叶片的黏虫、菜青虫，有吸食作物汁液的蚜虫、飞虱，有啃食根的地老虎、蚂蚁等，这些害虫给农业生产造成巨大损失。按为害作物的部位来分，害虫主要分为地上害虫和地下害虫两大类。

1.2.1　水稻主要虫害识别

水稻作为我国主要的粮食作物之一，历史悠久，种植面积广。经过几千年的经验累积和近代以来的技术发展，水稻已成为我国高产量的农作物，解决了我国几千年以来的人口吃饭问题。虽然水稻是我国大面积种植的粮食作物，但是因为病虫害的增加，水稻每年都会造成大幅度减产。调查研究表明，水稻虫害已达 50 多种，对我国的粮食安全造成了极大的威胁（张扬城，2012）。我国水稻主要虫害有螟虫、稻飞虱、稻瘿蚊等，各虫害识别特点如下。

1. 螟虫

螟虫也叫钻心虫，是水稻生产上的一大害虫。我国常见的螟虫种类有三化螟、二化螟和大螟等。其主要形态见图 1-21～图 1-23 所示。

图 1-21　三化螟成虫

图 1-22　二化螟成虫

图 1-23　大螟成虫

（1）三化螟专门为害水稻，是一种单食性害虫，幼虫在稻桩内越冬，春暖后化蛹、羽化变成飞蛾，飞到水稻秧田内产卵。从卵中刚孵化出的 1 龄幼虫，称为蚁螟，可钻进稻株内为害。一般在水稻分蘖期、拔节期和孕穗期，最容易被蚁螟蛀入。蚁螟蛀入后，在分蘖期咬食茎秆，造成“枯心苗”，孕穗期、抽穗期咬断穗颈造成白穗。

（2）二化螟主要为害水稻，还可为害玉米、高粱、甘蔗、茭瓜等。二化螟除在稻桩内越冬外，还可在稻草、茭瓜、芦苇等处越冬，春暖后不少越冬幼虫可钻入麦、油菜和蚕豆的茎秆内为害。由于越冬场所不同，第一代二化螟蛾，发生时极不整齐。蛾子有趋光性和趋绿性，喜在叶宽、秆粗和生长嫩绿的稻田内为害，2～3 龄时才逐渐分散；幼虫在不同生育期为害，可造成枯苗、枯心、枯孕穗、白穗或虫伤等，全年以第一代的为害最重。

（3）大螟食性杂，除水稻外还可为害玉米、旱谷、小麦、甘蔗等。蛾子喜欢在田边稻株或杂草上产卵，孵化后大多在邻近稻株上为害，卵多产在叶鞘两侧。

2. 稻飞虱

（1）为害特点。稻飞虱有多种，在广东省发生较多的是白背飞虱，而为害较严重的是褐飞虱。稻飞虱体型小，其若虫、成虫均为害水稻，尤以成虫为甚。褐飞虱常群集于水稻茎部，用刺吸式口器吸取稻株汁液。水稻受害初期出现许多不规则的棕褐色斑点，后稻株基部变黑褐色，渐渐全株枯萎，俗称“穿顶”，严重时可导致失收。褐飞虱常在水稻生长中后期大量发生，水稻孕穗期受害后往往不能出穗或成包颈的空粒穗；抽穗后被害，则影响谷粒饱满度，使秕粒率增加，造成严重减产。稻飞虱开始时多在田中间点或间片发生，形成枯萎团，然后迅速扩散蔓延。危害造成的伤口，使稻株易感染菌核病。稻飞虱还能传播病毒病，造成更大的损失。褐飞虱喜温暖高湿的气候条件，盛夏不太热、晚秋暖和的年份，褐飞虱往往危害严重。而白背飞虱比褐飞虱适宜温度范围广，初夏多雨、盛夏干旱的年份，白背飞虱往往偏重发生。氮肥过多、密度过大的稻田，有利稻飞虱危害。

（2）形态特征。

① 灰飞虱：形态见图 1-24。成虫的雄虫黑褐色，雌虫淡黄色。长翅型体长 4～5mm，短翅型体长 2.4～2.6mm。卵单行排列，乳白色至淡黄色。中胸背板雄虫黑褐色，仅后缘淡黄色；雌虫中部淡黄色，两侧色深。若虫乳白色，胸部有明显的云状斑。卵为长椭圆形，稍弯，形似辣椒。

② 褐飞虱：形态见图 1-25。成虫褐色或黑褐色，具油状光泽。长翅型体长 3.6～4.8mm，短翅型体长 2.6～3.2mm。前胸背板褐色，翅斑黑褐

色。若虫暗褐色或淡褐色，背有不规则、不明显暗褐色云状纹。卵长椭圆形，稍弯，形似茄子，前端为单行排列，后端挤成双行，淡黄褐色至锈褐色。

图 1-24　灰飞虱

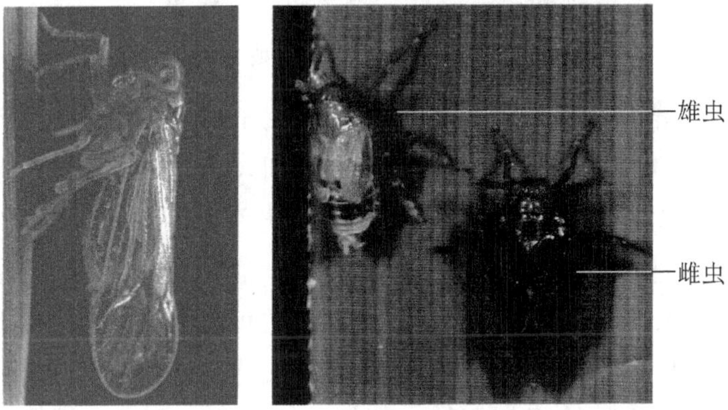

（a）褐飞虱长翅雌成虫　　（b）褐飞虱短翅成虫

图 1-25　褐飞虱（http://baike.sogou.com/v94728.htm）

③ 白背飞虱：形态见图 1-26。成虫的雄虫黑褐色，雌虫灰黄色。长翅型体长 3.8～4.6mm，短翅型体长 3.5mm。头顶、前胸背板及中胸背板中部为黄白色。若虫乳白色或暗褐色，背有不规则、不明显暗褐色云状纹。卵长椭圆形，稍弯，形似香蕉，卵块排列单行，为乳白色至淡黄色。

3. 稻瘿蚊

（1）为害特点。幼虫吸食水稻生长点汁液，致受害稻苗基部膨大，随后心叶停止生长且由叶鞘部伸长形成淡绿色中空的葱管，葱管向外伸形成“标葱”。水稻从秧苗到幼穗形成期均可受害，受害重的水稻不能抽穗，几乎都形成“标葱”或扭曲不能结实。

（a）白背飞虱短翅雌成虫

（b）白背飞虱长翅成虫

图 1-26　白背飞虱

（2）形态特征。成虫形态见图 1-27。体长 3.5～4.8mm，形状似蚊，浅红色，触角 15 节，黄色，第 1、2 节球形，第 3～14 节的形状雌、雄有别：雌虫近圆筒形，中央略凹；雄蚊似葫芦状，中间收缩，好像 2 节。中胸小盾板发达，腹部纺锤形隆起似驼峰。前翅透明具 4 条翅脉。卵长 0.5mm 左右，长椭圆形，初白色，后变橙红色或紫红色。末龄幼虫体长 4～4.5mm，纺锤形，蛆状。幼虫共 3 龄，1 龄蛆形，长约 0.78mm；2 龄纺锤形长约 1.3mm；3 龄体形与 2 龄虫相似，体长约 3.3mm。蛹椭圆形，浅红色至红褐色，长 3.5～4.5mm（王琦等，2009）。

图 1-27　稻瘿蚊

1.2.2　小麦主要虫害识别

小麦作为我国重要的粮食产物之一，每年的种植面积趋于稳定，产量也逐年攀升，但随着小麦病虫害情况加剧，直接导致我国小麦产量锐减。在综合防治的过程中应该本着“预防为主、防治结合”的指导原则，综合运用农业防治和化学防治技术，减少小麦主要虫害的危害，提高我国小麦粮食的整体产量，从而满足广大人民的粮食需求，促进我国粮食事业又好又快发展（李伟，2016）。目前我国小麦主要虫害有蚜虫、吸浆虫、黏虫、蛴螬、金针虫、麦蜘蛛、麦秆蝇等，各虫害识别特点如下。

1. 蚜虫

（1）为害特点。小麦蚜虫见图 1-28。小麦蚜虫主要以成虫、若虫吸食小麦叶、茎、嫩穗的汁液。被害处呈浅黄色斑点，严重时叶片发黄。小麦从出苗到成熟，均有麦蚜为害。但不同生育期为害造成的损失有很大差异，而且不同蚜虫为害程度亦不同。在小麦苗期，麦蚜多集中在麦叶背面、叶鞘及心叶处；小麦拔节、抽穗后，多集中在茎、叶和穗部为害，并排泄蜜露，麦二叉蚜取食时还将毒素注入植物体内，影响植株的呼吸作用和光合作用；小麦灌浆期、乳熟期是麦蚜为害的高峰期，常造成籽粒干瘪，千粒重下降，引起严重减产；乳熟期后，麦蚜的数量急剧下降，不再为害（王琦等，2009）。

（2）形态特征。①长管蚜：成蚜椭圆形，体长 1.6～2.1mm，无翅雌蚜和有翅雌蚜体淡绿色、绿色或橘黄色，腹部背面有 2 列深褐色小斑，腹管长圆筒形，长 0.48mm，触角比体长，又有“长须蚜”之称。②麦二叉蚜：成蚜椭圆形或卵圆形，体长 1.5～1.8mm，无翅雌蚜和有翅雌蚜体均为淡绿色或绿色，腹部中央有一深绿色纵纹，腹管圆筒形，长 0.25mm，触角比体短，有翅雌蚜的前翅中脉分为二支，故称“二叉蚜”。③禾缢管蚜：成蚜卵圆形，体长 1.4～1.6mm，腹部为深绿色，腹管短圆筒形，长 0.24mm，触角比体短，约为体长的 2/3，有翅雌蚜的前翅中脉分支两次，分岔较小。④麦无网长管蚜：成蚜长椭圆形，体长 2.0～2.4mm，腹部白绿色或淡赤色，腹管长圆形，长 0.42mm，翅脉中脉分支两次，分岔大，触角为体长的 3/4（石明旺，2013）。

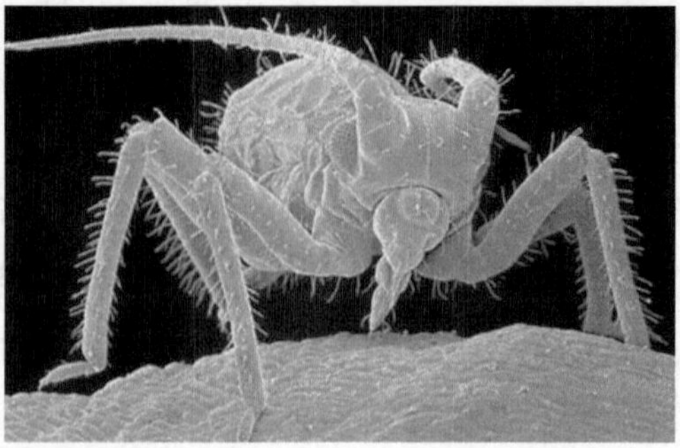

图 1-28　蚜虫（http://roll.sohu.com/20120523/n343833370.shtml）

2. 吸浆虫

（1）为害特点。吸浆虫属双翅目瘿蚊科。我国小麦上发生的吸浆虫有麦红吸浆虫和麦黄吸浆虫两种。麦红吸浆虫主要分布在黑龙江、内蒙古、吉林、辽宁、宁夏、甘肃、青海北、山西、陕西、河南、山东、安徽、江苏、浙江、湖北及湖南等平原麦区；麦黄吸浆虫主要分布在山西、内蒙古、河南、湖北、陕西、四川、甘肃、青海、宁夏等高纬度地区。该虫主要以幼虫为害小麦花器和乳熟籽粒，吸食浆液，造成瘪粒而减产。一般受害地小麦减产 30%～40%，严重时减产 70%～80%，甚至绝收。该虫是小麦产区一种毁灭性的害虫。

（2）形态特征。麦红吸浆虫成虫橘红色、密被细毛，体长 2～2.5mm，触角基部 2 节橙黄色，细长，14 节念珠状，各节具两圈刚毛；足细长，前翅卵圆形，透明，翅脉 4 条，后翅为平衡棒，腹部 9 节。幼虫长 2.5～3mm，长椭圆形，无足，蛆状。麦黄吸浆虫成虫体鲜黄色，其他特征与麦红吸浆虫相似（图 1-29）。

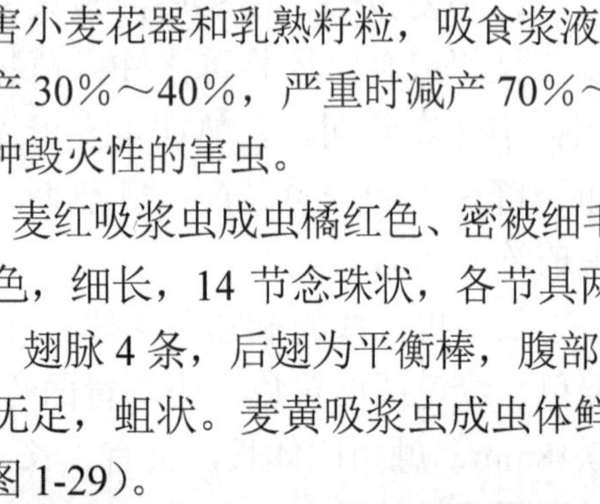

图 1-29　麦黄吸浆虫（http://blog.sina.com.cn/s/blog_6100841c0100t9hj.html）

3. 黏虫

黏虫，又名行军虫、剃枝虫、五色虫，属鳞翅目夜蛾科。幼虫取食的食物种类较多，主要为害小麦、青稞等禾本科作物。

（1）为害特点。以幼虫咬食叶片，1～2 龄幼虫仅食叶肉形成小孔，3 龄后才形成缺刻，5～6 龄达食期，严重时将叶片吃光形成光杆，造成严重减产，甚至绝收。当一块田禾谷类被吃光后，幼虫常成群迁到另一块田为害，故又名“行军虫”。

（2）形态特征。成虫体长 15～17mm，头部及胸部灰褐色，触角丝状；腹部暗褐色，前翅灰黄褐色或橙色，变化较多；内线不显，只有两个黑点，环纹、肾纹褐黄色，肾纹后端有 1 个小白点，两侧各有 1 个小黑点；后翅暗褐色，向基部渐浅。卵扁圆形，有光泽，表面有网状纹，卵块状排列成行。幼虫头部淡黄褐色，有暗褐色网状花纹，沿脱裂线有两条呈“八”字形的黑褐色纵纹，咀嚼式口器，上唇略呈长方形。蛹初化时乳白色，后变红褐至黑褐色，胸背有多列横皱纹（商鸿生和王凤葵，2015）。

4. 蛴螬

蛴螬，鞘翅目金龟甲总科幼虫的总称，有 40 余种。按其食性可分为植食性、粪食性、腐食性三类。其中，植食性蛴螬食性广泛，为害多种农作物、经济作物和花卉苗木，喜食刚播种的种子、根、块茎以及幼苗，是世界性的地下害虫，危害很大。

（1）为害特点。成虫和幼虫均能为害。幼虫为害时在土中取食萌发的种子，咬食根茎，常咬断根茎部，断口处呈刀切状。成虫主要取食叶片，形成孔洞和缺刻，严重时能吃光全叶。

（2）形态特征。体乳白色，体壁柔软、多皱，腹面弯曲呈“C”形；体表疏生细毛。头大而圆，多为黄褐色或红褐色。有胸足 3 对，一般后足较长；腹部 10 节，第十节称为臀节，其上生有刚毛，不同种类蛴螬其刚毛的数量和排列有明显差别。铜绿丽金龟幼虫的臀节刚毛有 14～15 对，呈两排排列；华北大黑鳃金龟幼虫的臀部腹面无刚毛，只有呈三角形分布的钩状毛（图 1-30）。

图 1-30 蛴螬（http://www.zw3e.com/105/e3964.html）

1.2.3 棉花主要虫害识别

棉花在我国农业生产中占有十分重要的地位。随着棉花种植面积的不断扩大，病虫害的发生也逐渐严重，影响了棉花的产量以及质量。棉花虫害会对棉农的经济收入造成极大的影响，因此必须加强棉花虫害的防治工作，分析了解棉花虫害的特点以及危害，采取有针对性的措施加以解决，提高棉花质量和数量，增加棉农经济效益，促进我国农业的健康发展（李小勋，2015）。我国棉花主要虫害有棉铃虫、棉红蜘蛛、棉蚜、地老虎等，各虫害识别特点如下。

1. 棉铃虫

棉铃虫属鳞翅目夜蛾科昆虫的一种，是棉花蕾铃期的大害虫。棉铃虫广泛分布在世界各地，我国棉区和蔬菜种植区均有发生。黄河流域棉区、长江流域棉区受害较重。

（1）为害特点。以幼虫蛀食蕾、花、果为主，也可为害嫩茎、叶片和芽，蕾、花受害时会引起大量落蕾、落花；幼虫钻入果内蛀食，造成腐烂和大量落果。

（2）形态结构。成虫形态如图 1-31 所示。成虫体长 15～20mm，一般雌蛾黄褐色，雄蛾灰绿色。前翅各线纹清晰，翅中央有环形纹和肾形纹各 1 个；后翅淡黄色或灰白色，外缘有明显的褐色宽带，中央有 2 个相连的白斑。老熟幼虫长约 40mm，体色变化大，有绿色、黄色、红色与黑色等，前胸气门前下方有 1 对刚毛。卵馒头形，自顶端至底部有多条隆起纵线，瓣饰 12～15 个。蛹长 17～20mm，纺锤形，蛹初灰绿色、褐绿色或褐色，近羽化时为深褐色，有光泽（陆宴辉等，2010）。

图 1-31　棉铃虫成虫

2. 棉红蜘蛛

（1）为害特点。受害叶片初期出现黄白色小点儿，3～5d 后斑点扩大成红色斑纹，叶面呈红褐色卷缩，像火烧的一样，从下面向上面蔓延，严重时叶片干枯脱落，影响棉花产量。

（2）形态特征。成虫很小，身长约 0.25～0.51mm。雌大雄小，相差近 1 倍。雌虫卵圆形，雄虫近圆形。体色多种，有浓绿色、褐绿色、黑褐色，黄红色等。卵圆球形，光滑，直径仅 0.1mm 多，初产时是透明无色的，逐渐变为暗色，孵化前可透出红色眼点。幼虫近圆形、透明，有红的眼点，只有 3 对足，取食以后体色变绿，体长约 0.15mm。若虫体色较深，体侧有明显块状色素。4 对足，体长约 0.2mm。

3. 棉蚜

（1）为害特点。棉蚜以刺吸口器插入棉叶背面或嫩头部分组织吸食汁液，受害叶片向背面卷缩，叶表有蚜虫排泄的蜜露（油腻），并往往滋生真菌。棉苗期受害，造成棉叶卷缩，推迟开花、结铃。蕾铃期受害，引起蕾铃脱落，吐絮延迟。新疆棉区主要是长管蚜和苜蓿蚜为害，与此种蚜虫不同。

（2）形态特征。

① 卵：椭圆形，长 0.5～0.7mm。初产时橙黄色，后变为漆黑色，有光泽。

② 若虫：分有翅若蚜和无翅若蚜。有翅若蚜夏季体淡红色，秋季灰黄色，胸部两侧有翅芽，在 1～6 腹节的中侧和 2～5 腹节的两侧各有白色圆斑 1 个，经 4 次蜕皮后变为有翅胎生雌成蚜。无翅若蚜体色夏季为黄色或黄绿色，春秋为蓝灰色，复眼红色，经 4 次蜕皮变为无翅胎生雌成蚜。

③ 成蚜：有几种不同形态变化。干母：体长 1.6mm，茶褐色，触角 5 节，无翅，行孤雌生殖。无翅胎生雌蚜：体长 1.5～1.9mm，宽 0.65～0.86mm，体色夏季黄绿色或黄色，春、秋季蓝黑、深绿或棕色。触角 6 节，第三、第四节无感觉孔，第五节末端及第六节膨大处各有 1 个感觉孔。腹部末端有 1 对短的暗色腹管，尾片青绿色，乳头状，两侧有刚毛 3 对。有翅胎生雌蚜：体长 1.2～1.9mm，体黄色、浅绿色或深绿色，前胸背板黑色。有透明翅 2 对，前翅中脉 3 支，后翅中、肘脉都有。腹部背面两侧有 3～4 对黑斑。触角 6 节，比较短。第三节一般有感觉孔 5～8 个，排成 1 行，第四节无感觉孔或仅有 1 个，第五节末端及第六节膨大处各有 1 个感觉孔。腹管暗黑色，圆筒形，表面有瓦砌纹，尾片同无翅胎生雌蚜。无翅胎生雄蚜：体长 1～1.5mm，体灰褐色、墨绿色、暗红色或赤褐色。触角 5 节，第四节末端有 1 个感觉孔，第五节基部有 2～3 个感觉孔。后足胫节特别发达，并有排列不规则的圆点几十个。腹管较小，黑色。尾片同无翅胎生雄蚜。有翅胎生雄蚜：体长 1.28～1.9mm，体色变异很大，有绿色、灰黄色或赤褐色。触角 6 节，第三、第四节各有感觉孔 20 多个，第五节上有 10 多个，第六节上有 7～8 个。腹管灰黑色，较有翅胎生雌蚜的腹管短小。

4. 地老虎

（1）为害特点。刚出壳的初孵幼虫只咬食叶肉，留下表皮，稍大一点后把叶片咬成缺刻。如果棉苗的生长点被地老虎幼虫为害，就会形成多头棉。当地老虎的幼虫长到 3 龄以后，就会咬断棉苗的主茎，造成缺苗断垄。地老虎有大地老虎、小地老虎和黄地老虎之分。

（2）形态特征。

① 大地老虎：成虫（图 1-32）体长 25～30mm，前翅前缘为棕褐色，其余为黑褐色，有棕褐色的肾状纹和环形纹。老熟幼虫体长 41～60mm，黄褐色，体表有很多皱纹，臀板为深褐色，布满了龟裂状纹（张慧珍，2010）。

图 1-32　大地老虎成虫

② 小地老虎：成虫（图 1-33）体长 17～23mm，体为灰褐色，前翅上有肾形斑、环形斑和棒形斑。肾形斑外有一个很明显的尖端向外的楔形黑斑，亚缘线上有 2 个尖端向里的楔形斑，3 个楔形斑相对，很容易识别。老熟幼虫体长 37～50mm，头部褐色，有不规则的褐色网纹，臀板上有 2 条深褐色纵纹。

图 1-33　小地老虎成虫

③ 黄地老虎：成虫体长 14～19mm，前翅黄褐色，有一个明显的黑褐色肾形斑和黄色斑纹。老熟幼虫体长 33～45mm，头部深黑褐色，有不规则的深褐色网纹，臀板有两大块黄褐色斑纹，中央断开，有分散的小黑点。

1.2.4 蔬菜主要虫害识别

我国是世界上最大的蔬菜生产和消费国。2012 年我国蔬菜播种面积近 2000 万 hm^2（3 亿亩），年产值达到 1.26 万亿元，蔬菜的总产值已超过粮食而成为第一大农产品。近年来，随着蔬菜栽培面积的扩大，加上我国种植业产业结构调整和设施园艺的迅速发展，蔬菜主要害虫种类发生了变化，一些次要害虫上升为主要害虫，为害程度日益加重（司升云等，2014）。我国蔬菜主要虫害有小菜蛾、菜粉蝶、菜螟、温室白粉虱、豌豆潜叶蝇等，各虫害识别特点如下。

1. 小菜蛾

（1）为害特点。初龄幼虫仅取食叶肉，留下表皮，在菜叶上形成一个个透明的斑，3～4 龄幼虫可将菜叶食成孔洞和缺刻，严重时全叶被吃成网状。在苗期常集中心叶为害，影响包心。在留种株上，为害嫩茎、幼荚和籽粒。

（2）形态特征。①成虫：体长 6～7mm，翅展 12～15mm，为灰褐色小型蛾。雄蛾前翅后缘从翅基至外缘有一呈淡黄白色的波状色带，雌蛾的波状带灰黄色，雄蛾比雌蛾鲜艳，蛾停息时两翅覆盖于体背成屋脊状，接合处形成 3 个连串的斜方块（从背面看）。前翅缘毛较长，特别是靠近外缘处；后翅银灰色，缘毛也很长。雄蛾腹部末端左右分裂，雌蛾不分裂，呈管状。②卵：椭圆形，扁平，淡黄色，有光泽，长约 0.5mm，宽约 0.3mm，多数为单粒产，大多产在叶背靠叶脉的凹处，少数产在叶面凹陷处。③幼虫：共 4 龄，老熟幼虫长 8～11mm，淡黄绿色或深绿色，纺锤形，体上有稀疏、长而黑的毛。头部褐色，前胸背板上有淡褐色无毛斑纹，排列成 2 个“U”字形纹。臀足后伸，超过腹末，形成头小、尾小的特殊形态，俗称为“二头尖”。④蛹：长 5～8mm，老熟幼虫常在叶背吐丝编织的稀薄灰白色网状虫茧中化蛹，初化的蛹呈水绿色，逐渐转为淡黄绿色、淡黄褐色，即将羽化的蛹为灰褐色。

2. 菜粉蝶

（1）为害特点。幼虫食叶，2 龄前在叶背啃食叶肉，残留表皮，形成小凹斑。3 龄后将叶片咬成孔洞或缺刻，严重时只残留叶柄和叶脉。幼虫排出的大量粪便，污染叶片和产品器官，使品质变坏，引起腐烂，造成的伤口还能导致软腐病。

（2）形态特征。①成虫：为白色粉蝶，体长 12～20mm，翅展 45～50mm。前翅基部灰黑色，顶角有 1 个三角形黑斑，下方有 2 个黑色圆斑。后翅前缘离翅基 2/3 处有一黑斑。②卵：似瓶形，长约 1mm，表面有许多较规则的纵横凸纹。初产时淡黄色，后变为橙黄色。③幼虫：老熟时体长 28～35mm，青绿色；背面密生细茸毛和细小黑色毛瘤，体侧沿气门线有黄色斑点 1 列。④蛹：体长 18～21mm，纺锤形，两端尖细。头部前端中央有一管状突起，体背有 3 条纵脊。体色有绿、灰黄、灰褐等色，随环境而异。尾部和腰间用丝连在寄主上（刘海河和张彦萍，2009）。

3. 菜螟

（1）为害特点。卵多产在叶片、茎及外露的根上，以心叶上的量最多。叶上的卵多产在叶背的主脉附近，一头雌蛾平均能产卵 200 粒左右，经 3～5d 孵化成幼虫，幼虫很快爬向叶心进行蛀食，吐丝将心叶结成一团，躲在其中把心叶吃光、只剩下老帮。3 龄以后可蛀食根部，幼虫可转移为害，造成大量缺苗，同时幼虫还是软腐病的传播者。幼虫共 5 龄。

（2）形态特征。成虫是一种蛾，身长 7mm 左右，翅展 15～20mm，体灰褐色或黄色，前翅花纹明显，外缘线、外横线、内横线灰白色，呈波状，翅中有一个灰白外缘的黑色肾形纹，后翅灰白色。卵扁平的椭圆形，长 0.3mm 左右，初产时淡黄色，孵化前出现很多橙黄斑点。幼虫体长 12～14mm，头部黑色，胸、腹部浅绿色，前胸背板浅黄褐色，虫体上纵向腺纹明显。蛹长约 8mm，茶褐色，腹部有两对刺，踊外包有丝革，茧长椭圆形，外沾泥土。

4. 温室白粉虱

（1）为害特点。成虫和若虫吸食植物汁液，被害叶片褪绿、变黄、萎蔫，甚至全株枯死。此外，由于其繁殖力强，繁殖速度快，种群数量庞大，群聚为害，并分泌大量蜜液，严重污染叶片和果实，往往引起煤污病的大发生，使蔬菜失去商品价值。除严重为害番茄、辣椒、茄子、马铃薯等茄科作物外，也严重为害黄瓜、菜豆等。在北方，温室 1 年可发生 10 余代，冬季在室外不能存活，因此以各虫态在温室越冬并继续为害。成虫羽化后 1～3d 可交配产卵，平均每雌虫产 142.5 粒，也可进行孤雌生殖，其后代为雄性。成虫有趋嫩性，在寄主植物打顶以前，成虫总是随着植株的生长不断追逐顶部嫩叶产卵，因此白粉虱在作物上自上而下的分布为：新产的绿卵、变黑的卵、初龄若虫、老龄若虫、伪蛹、新羽化成虫。白粉虱卵以卵柄从气孔插入叶片组织，与寄主植物保持水分平衡，极难脱落。若虫孵化后 3d 内在叶背可作短距离游走，当口器插入叶组织后就失去了爬行能力，开始营固着生活。

（2）形态特征。成虫体长约 0.9～1.4mm，淡黄白色或白色，雌雄均有翅，全身披有白色蜡粉，雌虫个体大于雄虫，其产卵器为针状。卵长椭圆形，长约 0.2～0.25mm，初产淡黄色，后变为黑褐色，有卵柄，产于叶背。幼虫（或称若虫）椭圆形、扁平，淡黄或深绿色，体表有长短不齐的蜡质丝状突起。蛹椭圆形，长约 0.7～0.8mm，中间略隆起，黄褐色，体背有 5～8 对长短不齐的蜡丝。

5. 豌豆潜叶蝇

（1）为害特点。幼虫潜叶为害，蛀食叶肉，只留上、下表皮，形成曲折虫道，严重时全叶枯萎，使叶菜失去食用价值；豌豆、油菜等受害后，影响果荚饱满度，降低种子品质和产量。该虫 1 年发生 4～18 代，世代重叠。淮河以北地区以蛹在被害叶片内越冬，淮河、秦岭以南至长江流域以蛹越冬为主，少数幼虫和成虫也可越冬。华南地区可在冬季连续发生，各地均从早春起，虫口数量逐渐上升，春末夏初为害猖獗。此虫不耐高温，35℃以上自然死亡率高，活动减弱，甚至以蛹越夏，秋天再开始为害。成虫白天活动，吸食花蜜，善飞，会爬行，趋化性强。卵散产在叶背叶缘组织内，尤以叶尖处为多。幼虫孵化后即潜食叶肉，造成叶片上出现曲折的隧道。幼虫共 3 龄，老熟幼虫在隧道末端化蛹。

（2）形态特征。成虫是一种小型的蝇子，体长 2.5mm 左右，翅展 5～7mm，黄头、褐眼，触角和足黑色、胸腹部灰色，长有许多长毛，有一对紫色有光泽的透明翅。卵长椭圆形，灰白色，长约 0.3mm。幼虫蛆状，体长约 3mm，初龄是乳白色，后变为黄色，虫体透明，尾节背面有一对很明显的小突起。蛹是围蛹，长约 2.5mm，扁椭圆形，初为黄色，后变为黑褐色。

第 2 章　农作物病虫害的防治

本章首先对病虫害防治的目的和意义进行阐述，然后分别分析了病虫害的物理化学防治、病虫害的农业防治与生物防治，以及植物检疫的相关内容。

2.1　病虫害防治的目的及意义

2.1.1　病虫害防治的目的

病原微生物和农业昆虫是农业生态系统中的一个重要组成成分。按照生态系统的基本概念，病原微生物、农业昆虫等有害生物与生态系统中其他组成成分之间有相互联系、相互作用、相互依存的关系。病原微生物和植食性昆虫从寄主植物中取得能量以维持自己的生命活动，满足自身生存的基本条件，这从生物生存的角度来说无可厚非。如果它们的生存不足以造成农作物的严重损失，即它们的种群和数量能保持在经济为害水平之下，是完全可以接受的。从这个意义上说，病虫害综合防治的目的不是要彻底消灭病原微生物和有害昆虫，而是要学会与这些生物和谐相处，即通过采取各种措施如农业措施、化学措施、生物措施和物理措施等，经济有效地将它们控制在经济为害水平之下。与这些有害生物和谐相处的基本要求是：从农业生态系统的整体出发，根据有害生物和环境之间的相互关系，充分发挥自然控制因素的作用，因地制宜、协调应用必要的措施，将有害生物控制在经济损害允许水平以下，以获得最佳的经济效益、生态效益和社会效益。

综合防治必须坚持的三个基本观点是：生态学观点、经济学观点和社会学观点。综合防治的三个层次是：以单一防治对象为内容的综合防治，以某一作物为主体的多种防治对象的综合防治，以作物生态区域为基本单位的多种作物、多种防治对象的综合防治。在制订综合防治方案时，一般应注意以下几个问题：①搞清当地主要作物田间生物群落的组成结构和病虫害种类及数量，以明确主要防治对象和兼治对象以及保护利用的重要天敌类群；②研究不同防治对象的主要生物学特性、环境因素对其发生消长的影响作用，掌握作物物候关系等生物学、生态学习性，以明确病虫害种群数量变动规律和防治的有利时期；③研究不同防治对象与寄主作物、天敌生物之间的关系以及害虫种群密度与危害损失程度的关系，结合防治成本、作物产值等经济、社会因素，制订科学的经济阈值或防治指标；④在对各种防治对象的防治技术研究试验的基础上，按照综合防治的策略原则，协调组建成系统的防治措施；⑤方案的实施采取试验、示范、检验、推广的程序，并对其反馈信息加以分析、总结或改进。

病虫害综合防治的目的是从农业生态系统的总体观念出发，对农作物整个生育期的主要病虫害作通盘考虑，充分利用自然抑制因素，协调使用必要的防治措施，最大限度地减少有害副作用，把病虫害控制在经济允许水平以下，达到农业生态系统的良性循环和农作物生产的安全、持续、稳定、高产、优质、低成本、无污染、少公害。

2.1.2　病虫害防治的意义

开展病虫害综合防治的意义在于彻底改变了病虫害防治的传统观念，最大限度地保护和利用了农业生态系统的生态环境条件、生物多样性和自身调节能力，能有效保证农业生态系统步入良性循环，农业生产安全、持续、稳定、高产、优质、低成本、少公害。开展病虫害的综合防治必将为环境友好型农业生产体系的建设作出重要的贡献。

2.2　病虫害的物理防治与化学防治

2.2.1　物理防治

物理防治是利用物理因素（光照、温度、颜色等）以及人工、机械设备来防治病虫害的措施（杨平华，2008）。物理防治基于充分掌握作物害虫对环境条件的各种物理因子如光照、温度、颜色等的反应和要求，利用其生理特点来诱集消灭害虫或利用热力、低温、核辐射等杀灭或抑制病害。该法收效迅速，可作为病虫害大量发生时的急救措施和病虫害检疫时的辅助措施。

1. 物理防治虫害的方法

（1）人工捕捉法。有些害虫在适宜环境条件下大量繁殖，群集危害，因此人工防治仍是一种不可忽视、值得推荐的手段。例如，用拍板和稻梳捕杀稻蝶，用黏虫兜捕杀黏虫等，都是行之有效且经济无副作用的防治措施。只要细心、彻底，完全可以控制部分害虫，避免经济损失。

（2）诱集捕杀法。作物害虫的许多成虫都具有趋黄性、趋味性、趋光性，利用这些特性诱杀害虫现已普遍采用。例如，黏虫喜欢在黄色枯草上产卵，可将其虫蛾诱集到草把上产卵，然后再将草把集中烧毁；蚜虫具有趋黄性，可用黄色的面盆诱集；地老虎和斜纹夜蛾具有极强的趋味性，对酸甜味敏感，可配制糖醋毒浆诱杀；以鳞翅目害虫为代表的虫类趋光性很强，用高压汞灯可诱杀的种类多、范围广、效果好。

（3）障碍阻隔法。根据害虫的生活习性，设置各种障碍物，如防虫网、果树套袋、树干刷白等防止其危害或阻止其蔓延。这一方法在农业发达国家和地区早已广泛运用，其防虫效果良好。

此外，还有声控法、高低温处理法、辐射处理法、微波处理法等已开始运用于果实贮藏、检疫和防治实验实践中。

2. 物理防治病害的方法

（1）干热处理法。该法主要用于蔬菜种子，对多种种传病毒、细菌和真菌都有防治效果。黄瓜种子经 70℃干热处理 2～3d，可使绿斑花叶病毒（CGM-MV）失活。番茄种子经 75℃处理 6d 或 80℃处理 5d 可杀死种传黄萎病菌。不同植物的种子耐热性有差异，处理不当会降低萌发率。豆科作物种子耐热性弱，不宜干热处理。含水量高的种子受害也较重，应先行预热干燥。干热法还用于处理原粮、面粉、干花、草制品和土壤等。

（2）温汤浸种法。用热水处理种子和无性繁殖材料，通称温汤浸种。

该方法可杀死在种子表面和种子内部潜伏的病原物。温汤浸种的原理是：利用植物材料与病原物耐热性的差异，选择适宜的水温和处理时间以杀死病原物而不损害植物。棉秆经硫酸脱绒后，用 55～60℃的热水浸种半小时，可杀死棉花枯萎病菌和多种引起苗病的病原菌。大豆和其他大粒豆类种子水浸后能迅速吸水膨胀脱皮，不适于热水处理，可用植物油、矿物油或四氯化碳代替水作为导热介质处理。

（3）热蒸汽处理。热蒸汽也用于处理种子、苗木，其杀菌有效温度与种子受害温度的差距较干热灭菌和温汤浸种大，对种子发芽的不良影响较小。热蒸汽还用于温室和苗床的土壤处理。通常用 80～95℃蒸汽处理土壤 30～60min，可杀死绝大部分病原菌，但少数耐高温微生物和细菌的芽孢仍可继续存活。

（4）热力治疗。利用热力治疗感染病毒的植株或无性繁殖材料是生产无病毒种苗的重要途径。热力治疗可采用热水处理法或热空气处理法。热水处理法虽应用较早，但热空气处理效果较优，对植物的伤害较小。甘蔗、苹果、梨、桃、草莓、马铃薯、甘薯、香石竹等作物的热力治疗已成为防治这些作物病毒病害的常规措施。多种类型的繁殖材料，如种子、接穗、苗木、块茎、块根等都可用热力治疗方法。不论处于休眠期的植物繁殖材料或生长期苗木都可应用热力治疗方法，其中，休眠的植物材料较耐热，可应用较高的温度（35～54℃）处理。例如，处理休眠的马铃薯块茎治疗卷叶病的适温为 35～40℃，较高的温度（40～45℃）可能钝化类菌原体；柑橘苗木和接穗用 49℃湿热空气处理 50min，治疗黄龙病效果较好。

（5）冷冻处理。谷类、豆类和坚果类果实充分干燥后，可避免真菌和细菌的侵染。冷冻处理也是控制植物产品（特别是果实和蔬菜）收获后病害的常用方法。冷冻本身虽不能杀死病原物，但可抑制病原物的生长和侵染。

（6）核辐射。核辐射在一定剂量范围内有灭菌和食品保鲜作用。^{60}Co-γ 射线辐照装置较简单，成本较低，γ 射线穿透力强，多用于处理贮藏期农产品和食品。

（7）微波处理。微波是波长很短的电磁波，微波加热适于对少量种子、粮食、食品等进行快速杀菌处理。用 ER-692 型微波炉，在 70℃下处理 10min 就能杀死玉米种子携带的玉米枯萎病病原细菌，但种子发芽率略有降低。微波加热是使处理材料自身吸收能量而升温，并非传导或热辐射的作用。微波炉已用于植物检疫，处理旅客携带或邮寄的少量种子与农产品。

此外，一些特殊颜色和物理性质的塑料薄膜已用于蔬菜病虫害防治。例如，蚜虫忌避银灰色和白色膜，用银灰反光膜或白色尼龙纱覆盖苗床，可减少传毒介体蚜虫数量，减轻病毒病害。夏季高温期铺设黑色地膜，可吸收日光能，使土壤升温，能杀死土壤中多种病原菌。

2.2.2 化学防治

1. 化学防治的含义及其必要性

化学防治是用化学手段控制有害生物数量的方法。化学防治是有害生物综合治理中的重要组成部分。

化学防治，除了涉及必不可少的化学药物外，还有施药机具和如何合理施药问题。所谓合理，就是要根据对象选择剂型、施药量、施药时机、施药部位与方式；其目的在于与别的措施相协调的前提下，充分发挥化学药剂的作用，而将化学防治的消极作用减少到最小。因此化学防治作为一项植保措施，绝不是单纯的化学问题。用化学方法控制或杀死有害生物不是化学防治的目的，化学防治的目的是通过控制有害生物以保护植物。化学防治作为一门独立的课程，就叫植物的化学保护。与化学保护密切相关的学科是药剂毒理学和植物药理学。前者研究药剂的作用机理、选择毒性机理、药剂的化学结构及其立体构型与毒力的关系、抗药性机理、降解机理，以及药物进入环境后的行为。后者研究对植物的影响和植物对药剂的生理、生化及代谢反应。

由此可见，化学防治或植物的化学保护，绝不单是化学农药与防治对象之间的问题，而是化学与生物学两大领域的交叉学科。

尽管化学防治存在这样那样的问题，但它仍是有害生物综合治理中不可缺少的环节。化学防治具有其他防治措施所无法代替的优点有：①几乎任何一种有害生物都有相应的化学药剂可以控制，有些药剂还可以“一药多治”；②见效快，特别适合于“抢救”式的速效防治，必要时，还可选择残效期较长的品种以延长控制时间；③现代农药大都是人工合成、工厂化生产的化学制品，可以大量供应，成本较低，而且使用较方便。但必须指出，这些优点都是相对于别的防治措施而言的，不是绝对的，在一定条件下，有些优点甚至正是它的缺点。

2. 化学防治的特点

（1）化学防治的优点。

① 高效：防治害虫时，使用少量的化学杀虫药剂，往往就能收到良好的杀虫效果。应用 90%万灵可溶性粉剂加水稀释 3000～4000 倍，就能有效地防治多种重要害虫，每亩用药量仅需 21～83g。

② 杀虫速度快：有些害虫繁殖速度极快，如蚜虫在适宜条件下 4～5d 即繁殖一代，一头蚜虫经 20d 即有成千上万头；有些暴食性害虫，如黏虫、飞蝗短时间内即可把作物吃光。应用化学农药能迅速消灭其危害，如用敌敌畏往往几秒至几分钟能击倒害虫。

③ 使用简便，投资较少：与其他防治手段相比，化学农药具有使用简便和投资较少的特点。化学农药一般为工厂生产、商业部门销售的成品，购买后可立即在田间使用，十分简便，而且其成本也一般较其他防治技术低。

（2）化学防治的缺点。化学防治技术也有许多不足之处。长期广泛使用化学农药，易造成一些害虫对农药的抗药性，并且抗药性害虫种类在日益增加。截至 1980 年具有抗性的害虫已达 481 种，到了 20 世纪 90 年代初增加到 552 种，90 年代末已增加到 900 种。应用广谱性杀虫剂，在防治害虫的同时，也杀死了害虫的天敌，因而易出现一些主要害虫的再猖獗和次要害虫上升为主要害虫，引起环境污染和人畜中毒事故。由于广泛大量使用化学农药，易造成污染大气、水域、土壤和农产品，对人畜健康造成威胁，甚至中毒死亡。

（3）农药对害虫的杀虫作用。化学农药种类很多，它们的杀虫作用因药剂的种类而异。根据杀虫药剂进入虫体的途径和作用方式有如下几类。

① 胃毒作用：将化学农药喷洒在植物体的表面或制成毒饵，害虫通

过咀嚼口器取食进入消化器官，引起中毒死亡。

② 触杀作用：指药剂与虫体接触后，经昆虫的体壁进入体内封闭昆虫的气门，引起中毒死亡。接触杀虫剂目前种类最多，使用范围最广。

③ 内吸作用：有些杀虫剂使用后，能被植物某些部分所吸收，并传导到植物体的各个部位，使植物体内带毒，害虫取食后引起中毒死亡。内吸杀虫剂的一般使用方法有喷雾、涂茎和拌种等方式。

④ 熏蒸作用：有些杀虫剂能在较低温度下汽化，使有毒气体随空气经过害虫的气门进入虫体引起害虫中毒而死。

⑤ 拒食作用和忌避作用：当害虫取食有些杀虫剂后虽不能直接致死，但杀虫剂使其正常生活机能受到破坏，食欲减退，停止进食，引起饥饿死亡，这种作用称为拒食作用。另外，有些杀虫剂洒布于植物体后，害虫闻到气味而避开，称忌避作用。

⑥ 不育作用：杀虫剂被害虫取食后作用于害虫生殖系统，使雄性不育或雌性不孕而无法产生后代，称为不育作用。

3. 化学农药的使用原则

（1）合理选用农药。选用的农药既要对防治对象有较好的防治效果，还要求农药对应用的作物安全无害，因此选用农药时，要考虑作物的敏感性，不可使用对作物敏感的农药。例如，拉索、稳杀得、盖草能、拿捕净、百草枯、氟乐灵等除草剂，对禾本科作物较敏感；2,4-D、二甲四氯、丁草胺、稻瘟净、克温散等在水稻芽期应用易产生药害，在使用时要注意；在水稻幼穗分化期易产生药害的有二甲四氯、稻脚青、稻宁等；对高粱、玉米苗期易产生药害的有杀螟松、马拉松等有机磷农药；对棉麻作物敏感性较高的农药有 2,4-D、二甲二氯、草甘膦、百草枯、阔叶净等；瓜类作物除对某些除草剂敏感外，对马拉松、甲胺磷、对硫磷、杀灭菊酯等也会敏感。有些植物生长调节剂使用不当，也会造成某些果树的落花、落果、落叶等。

（2）称准农药剂量，配准农药浓度。一般对于大田作物，在防治病、虫、草害时，要按作物面积计算并称准农药用量。对于果树类防治病、虫、草害，或用植物生长调节剂时则要准确配制农药使用浓度，根据树冠大小核定喷洒剂量，有的药剂还要根据作物敏感反应来调节配比。例如，波尔多液是由硫酸铜与石灰按一定比例配成的，葡萄、黄瓜、西瓜等易受石灰药害，配制波尔多液时就可少加些石灰，配成石灰半量式波尔多液；而苹果、梨、杏等易发生铜的药害，配制用于这些作物上的波尔多液就可加大石灰用量，配成石灰倍量式或二倍量式的波尔多液，以避免药害。

（3）掌握好施药时期。在作物具抗性时期，选择对防治对象较适宜的阶段用药，也是避免产生药害的一个方面。例如，在水稻秧田用禾大壮防除稗草时，宜选在秧苗 3 叶期进行，施药过早，秧苗易产生药害，施药过晚如在 5 叶期施药，则除稗草效果差。又如用二甲四氯防除阔叶杂草，宜在秧苗 5 叶期或拔秧前 7d 用药，用药过早稻秧也会受害，用药过晚，防除杂草效果会差。

（4）采用恰当的施药方法。正确选择施药方法的主要依据有三点：①根据农药性能及对作物的敏感性确定施药方法；②根据农药剂型确定相应的施药方法，如水剂、乳油适用于喷雾，粉剂、颗粒剂宜于拌种或撒施；③根据天气状况选用相应的施药方法，如在大风天，不宜用喷雾方法施用广谱性除草剂，而用涂抹的方法可以防雾滴漂移引起的作物药害。

（5）注意施药质量。作物药害与施药质量密切相关。为了提高施药质量，首先，要做好平整土地的工作，避免沟沟洼洼影响药物均匀分布而产生药害。配制农药时要搅拌均匀，拌毒土时要把农药与土充分混匀后再撒施。喷药时要注意农药溶解均匀后再喷，对已产生分层或沉淀的农药不要再用，以免影响药效或产生药害。另外，喷施时应尽量均匀，要选用恰当的喷幅，防止重喷；对撒施的毒土，采用少量多次撒的方法，以利撒施均匀。

4. 农药的使用方法

在使用农药前，首先应根据病虫害种类、危害程度选择适合的农药种类。其次，根据作物的生育期、环境条件选择适合的农药剂型和正确的施药方法。不同的农药剂型，施药方法也不尽相同。

（1）喷雾法。喷雾法是以一定量的农药和适量的水配成药液，利用喷雾机具，使药液雾化形成细小的雾滴，并均匀地沉降和覆盖于寄主和防治对象表面上的一种农药使用方法。喷雾法是防治农、林、牧有害生物的重要施药方法之一，也可用于卫生防虫和消毒等。农药制剂中除超低容量喷雾剂不需加水稀释可直接喷洒外，可供液态喷雾使用的农药剂型有乳油、可湿性粉剂、水剂、可溶性粉剂、胶体剂、悬浮剂等。

喷雾法按喷雾机具分可分为航空喷雾和地面喷雾。航空喷雾就是用飞机将农药均匀撒施在目标区域内的施药方法，其效率最高，适用于连片种植的作物、果园、草原、森林、孳生蝗虫的荒滩和沙滩等地块；地面喷雾包括手动机械喷雾、机动机械喷雾和静电喷雾等。

（2）喷粉法。喷粉法是用喷粉机具把粉剂农药均匀地施在作物或虫体上，使作物或害虫体表覆盖一层极薄的药粉，达到杀虫的目的。喷粉法的特点是工效高，手摇喷粉器每人每天施药面积达 1.3～1.5hm^2（一般背负喷雾器每人每天喷雾面积为 0.13～0.2hm^2）；作业不受水源限制，对作物安全。缺点是粉粒易在空中飘移，受风影响大，对作物和虫体黏着性差，用药量大，同时对环境污染较为严重（陈军勇，2005）。

喷粉时应注意以下几点：①喷粉质量：喷粉法要求喷施均匀周到，药量适当，以手摸叶片后有微量药粉黏手即可；若叶片发白，说明药量已过。②在作物有露水时喷：可选择早晚两头喷药，注意喷头不要触及作物，防止粉剂黏结。③注意天气变化：当风速超过 1m/s 时，不宜喷粉；喷粉后 24h 内如遇大雨，应补喷农药；不能逆风喷粉。

（3）毒土撒施法。用药剂与适量的细土或肥料均匀拌和制成毒土，通过人工的方法直接撒在需要用药的目标范围内，这种方法叫毒土撒施法。毒土可用不同剂型的农药配制，配制要考虑农药和细土或肥料的比例。在配制和撒施毒土时应戴上防护手套，避免引起中毒。毒土撒施法不需要专门的器械，简单有效，残效期长，农药沉降快，对天敌的不良影响较小，适宜大面积使用。

以上粗略介绍了一些农业防治中经常用到的防治措施，每一项都有其优点，但也存在着缺陷，因此防治病虫时应尽量几种防治技术结合起来使用，取长补短，真正做好病虫防治工作。

2.3 病虫害的农业防治与生物防治

2.3.1 农业防治

1. 农业防治的内涵

农业防治（agricultural control）是通过适宜的栽培措施降低有害生物种群数量或减少其侵染可能性，培育健壮植物，增强植物抗害、耐害和自身补偿能力，或避免有害生物危害的一种植物保护措施。

农业防治的优点：①节省人力、物力和财力：农业防治法在绝大多数情况下需要结合必要的栽培管理技术措施进行，不需要增加额外的人力、物力和财力；②有利于保持生态平衡：农业防治法对其他生物和环境的破坏作用最小，基本不产生明显的不良影响；③对害虫的发生具有预防作用，符合植保工作方针：农业防治法大多是从预防的角度出发，加之措施多样化，能从多个方面对有害生物的发生起到抑制作用；④易于被群众接受，防治规模大。

农业防治的缺点：①有些防治措施与丰产要求有矛盾，或与耕作制度有矛盾；②一些农业防治法所采用的具体措施其地域性、季节性比较强，防治效果表现缓慢或不十分明显，特别是在病虫大发生时往往不能及时大面积推广，解决问题不及时。

综上所述，首先，农业防治必须服从生产要求，不能单独从有害生物防治的角度去考虑问题。其次，农业防治措施往往在控制一些病虫害的同时，会引发另外一些病虫害，因此，实施时必须针对当地主要病虫害综合考虑，权衡利弊，因地制宜。再次，农业防治具有较强的地域性和季节性，且多为预防性措施，在病虫害已经大发生时，防治效果不理想。但如果很好地加以利用，则会成为综合治理有效的一环，在不增加额外投入的情况下，压低有害生物的种群数量，甚至可以持续控制某些有害生物的大发生。农业防治的主要技术措施包括改进耕作制度、采用无害种苗、调整播种方式、加强田间管理和安全收获等。

2. 农业防治的优缺点

（1）农业防治法的优点。①农业防治法在大多数情况下是结合作物栽培管理措施进行的，不需额外投入人力、物力和药剂与资金，具有经济实用、操作简便等优点；②农业防治法在控制土壤生物群落、主要病虫害数量、作物生长和病虫害发生的关系等方面均能发挥积极的作用，而且很多措施都是预防性的，认真执行可以大量降低越冬虫口密度和病原初侵染菌源数量，达到推迟和减轻病虫危害的效果；③农业防治法简便易行，容易为广大农民接受，且对病虫害的防治规模较大，具有操作模式相对固定和作用相对持久的特点；④农业防治法由于减少了化学农药的使用量，从而可以避免作物害虫产生抗药性、环境污染以及杀伤农业有益昆虫等不良影响。

（2）农业防治法的局限性。农业防治法虽然具有很多优点，但在实际运用中也存在一定的局限性。表现为：①农业防治对作物病虫害的作用表现缓慢，且操作的系统性强，以其为构成内容的现代作物栽培管理制度和生产经营方式要全面替代农民的传统习惯还有一定难度，被大众广泛接受还有一个过程；②农业防治的地域性、季节性较强，防治效果不如化学防治效果快，在病虫害大量发生时难以采用和及时解决问题；③粮食作物高产、优质是人们生产栽培的重要需求，而这个需求会与某些病虫害防治所采取的农业防治措施产生冲突，出现协调困难现象。

3. 农业防治措施

农业防治主要包括以下措施：

（1）选用抗病品种，培育适龄壮苗。针对当地主要病虫害发生情况，要选用抗病、优质、高产的品种或杂种一代。应从无病地块和无病种株上采种。在播种前要筛选千粒重高、籽粒饱满的种子，除去瘪籽、有损伤的种子。在播种前，用温汤浸种或用药剂拌种杀死种子表面携带的病菌。通过培育适龄壮苗、进行低温练苗等措施，提高植株抗逆性。

（2）控制好温度、光照、湿度，创造适宜的生育环境条件。露地栽培时，可以通过浇水、中耕等措施，改善根系及地面的小气候条件。特别是在保护设施栽培时，可采用放风和辅助加温等措施，控制好不同生育时期的适宜温度，避免低温和高温的危害。要通过地面覆盖、滴灌或暗灌、控制浇水量、通风排湿、温度调控等措施，控制空气相对湿度在最佳指标范围；露地栽培通过采用深沟高畦、适宜的浇水方式、严防积水等措施控制土壤含水量，形成不利于病虫害发生和蔓延的小气候环境，控制病虫害的发生。

（3）轮作换茬。在同一地块至少隔 2～3 年再进行豆类栽培，有条件的地区实行水旱轮作或夏季灌水闷棚。

（4）清洁田园。将残枝败叶和杂草清理干净，集中进行无害化处理，保持田间清洁，以消除和减少侵染性病虫害的传染源。

（5）科学施肥。测土平衡施肥，增施充分腐熟的有机肥，少施化肥，防止土壤盐渍化。

2.3.2　生物防治

1. 生物防治的内涵

生物防治（biological control）是利用有益生物及其产物控制有害生物种群数量的一种防治技术。狭义的生物防治主要是利用有益生物活体进行有害生物的种群数量控制。在自然界中，各种生物通过食物链和生活环境等相互联系、相互制约，形成了复杂的生物群落和生态系统，其中任何一种生物或非生物因素的改变，均会导致不同生物种群数量的变化。生物防治就是根据生物之间的相互关系，人为地增加有益生物的种群数量，从而取得控制有害生物的目的。随着科技的发展，人类已从直接利用生物活体防治有害生物，发展到利用生物产物，以致将生物产物进行分子改造和工厂化合成，从而防治有害生物。早在公元 304 年，我国就开始利用黄獠蚁防治柑橘害虫，并沿用至今。1888 年，美国从澳大利亚引进澳洲瓢虫，成功控制了柑橘吹绵蚧的严重为害，是害虫生物防治史上的一个里程碑事件。1919 年，Smith 提出“通过捕食性、寄生性天敌昆虫及病原菌的引入、增殖和散放，来控制另一种害虫”的传统生物防治概念。

从保护生态环境和可持续发展的角度讲，生物防治是最好的防治有害生物的方法。首先，生物防治对人、畜安全，对环境影响极小。尤其是利用有益生物活体防治病、虫、草害时，由于有益生物活体的寄主专化性，不仅对人、畜安全，而且也不存在残留和环境污染问题。第二，有益生物活体防治对有害生物可以达到长期控制的目的，且不易产生抗性问题。例如，美国利用澳洲瓢虫防治柑橘吹绵蚧，加拿大利用核型多角体病毒防治云杉叶蜂，法国利用人工接种弱致病菌株控制栗疫病都收到了“一劳永逸”的控制效果。第三，生物防治的自然资源丰富，易于开发。此外，生物防治成本相对较低。

但从有害生物治理和农业生产的角度看，生物防治仍具有很大的局限性，尚无法满足农业生产和有害生物治理的需要。第一，生物防治的作用效果慢，在有害生物大发生后常无法控制。第二，生物防治受气候和地域生态环境的限制，防治效果不稳定。第三，目前可用于大批量生产使用的有益生物种类还太少，通过生物防治达到有效控制的有害生物数量仍有限。第四，生物防治通常只能将有害生物控制在一定的为害水平，对于一向防治要求高的有害生物，较难实施种群整体治理。

然而，从发展角度看，面对环境和可持续发展问题，生物防治措施与生态环境保护具有相融性，与农业可持续发展具有统一性。生物防治强调发挥自然天敌的控制作用，通过保护利用自然天敌、输引外来天敌、繁殖释放天敌和应用生物农药防治有害生物，可以维持农田生态系统的物种多样性，使生态系统向良性循环方向发展，符合自然发展规律。

2. 病害的生物防治

植物病害的生物防治是指在农业生态系统中，调节植物的微生物环境，使其不利于病原物，或者使其对病原物与微生物的相互作用发生有利于寄主而不利于病原物的影响，从而达到防治病害的目的。

（1）利用有益生物防治病害。常用的拮抗微生物有 5406 抗生菌、增产菌、芽孢杆菌、荧光假单胞菌、根癌农杆菌和木霉菌等。

（2）农用抗生素。灭瘟素主要用于防治稻瘟病，对穗颈瘟的防治效果更佳；春雷霉素用于防治稻瘟病，有良好的内吸治疗效果，主要作用为抑制菌丝蛋白质的合成；多抗霉素具有广泛的抗真菌谱，可用于防治人参褐斑病、苹果斑点落叶病、烟草赤星病、番茄（草莓、黄瓜、酒花）灰霉病、黄瓜霜霉病、梨黑斑病、三七和甜菜褐斑病等多种病害；井冈霉素可用于防治水稻纹枯病。

3. 虫害的生物防治

（1）保护利用自然天敌昆虫和有益动物。在自然界中，各种害虫的自然天敌昆虫和捕食动物种类很多。天敌昆虫可分为两大类，即捕食性天敌昆虫和寄生性天敌昆虫。常见的捕食性天敌昆虫有蜻蜓、螳螂、猎蝽、刺蝽、花蝽、草蛉、瓢虫、步行虫、食虫虻、食蚜蝇、胡蜂、泥蜂等；常见的寄生性天敌昆虫有寄生蜂类和寄生蝇类等；常见的其他捕食动物有各种鸟类、蜘蛛及捕食螨类、青蛙、蟾蜍等。采取各种保护措施促进自然天敌种群的增长，可以加大对农业害虫的自然控制能力。例如，选用对天敌杀伤力小的农药防治害虫；麦棉间、套种并用选择性农药防治小麦害虫，以利于小麦天敌增殖和向棉田转移；棉田种植油菜诱集天敌带；果园内种植一些寄生性天敌的蜜源植物，用巢箱招引大山雀、灰喜鹊等栖息，以啄食一些林木害虫等。

（2）人工繁殖与田间释放天敌。当本地天敌的自然控制力量不足时，尤其是在害虫发生前期，可在室内人工大量繁殖和田间释放天敌，以控制害虫的为害。例如，在玉米田或果园释放赤眼蜂，防治玉米螟或苹果卷叶蛾等；在温室内释放丽蚜小蜂防治温室白粉虱；在棉花仓库内释放金小蜂防治越冬期棉红铃虫；在果园中释放草蛉防治蚜虫等。

（3）天敌的引种驯化。有些害虫在当地缺少有效天敌，可从外地或国外引进，通过人工培养繁殖，进行防治害虫的试验、示范和推广。其间，需要驯化适应的过程。近百年来，国际间引进天敌事例很多。例如，1926～1930 年，苏联由意大利引进苹果绵蚜小蜂，抑制了国内苹果绵蚜的猖獗发生。1947 年，美国从我国引进岭南金小蜂，防治橘红圆蚧取得很大成功。澳洲瓢虫是 1888 年由澳洲引进美国，此后，苏联、新西兰、中国等 40 多个国家相继引进，都获成功。

（4）昆虫病原微生物的利用。引起昆虫疾病的微生物有真菌、细菌、病毒、原生动物及线虫等多种类群，许多已经在生产上广泛应用。例如，苏云金杆菌、白僵菌、球形芽孢杆菌和蝗虫微孢子虫等，通过工厂化应用固体或液体培养基发酵大量生产粉剂、液剂、乳剂等剂型，像使用化学农药一样在田间使用。后来，科学家们又成功地将 Bt 毒素蛋白基因通过基因工程的方法转入到植物中，培育成抗虫品种。病毒类则用寄主害虫活体接种后大量繁殖，再制成一定剂型在田间使用。昆虫病原线虫也能够工厂化批量生产，并在桃小食心虫等害虫的防治中取得了很好的效果。

（5）利用昆虫激素防治害虫。利用昆虫激素防治害虫是害虫生物防治的一种新途径。国内外对多种昆虫激素进行了分离、结构测定及人工合成，并对一批重要农林害虫进行了防治试验，取得了不少成果。目前已开发出多种产品，并进入商业应用，其中研究和利用较多的主要是保幼激素和性外激素。

（6）昆虫不育原理及其应用。首先，利用辐射源或化学不育剂处理害虫，破坏害虫的生殖腺，杀伤生殖细胞，或者用杂交方法改变害虫遗传的性质等造成害虫不育，然后，大量释放这种不育个体，使之与野外的自然个体进行交配使后代不育，经过累代释放，害虫种群数量逐渐减少，最后导致种群绝灭。自从 20 世纪 50 年代国外采用辐射技术释放不育性螺旋蝇成功地防治了螺旋蝇之后，利用昆虫不育原理防治虫害引起世界各国的广泛关注。目前多种害虫已能人工大量饲养，这一方法将会有更快的发展。

2.4 植物检疫

2.4.1 植物检疫概述

1. 植物检疫的概念

植物检疫简称植检，是植物保护主要措施之一。植物检疫以法律、法规为依据，禁止或限制感染特定病、虫、草等有害生物的植物、植物产品在国际间或国内地区间调运，目的在于防止特定病、虫、草害的人为传播。国际间的检疫叫对外植物检疫，简称外检，国内地区间的检疫叫国内植物检疫，简称内检。检疫一词来源于拉丁文“Quarantine”，原意是 40 天。早在 14 世纪，意大利的威尼斯城曾规定外国船只抵达口岸时，必须离岸停泊 40 天，经检查证明船上人员无当时流行的“黑死病”（即肺鼠疫、霍乱及疟疾等）等传染病后，才允许登陆上岸。以后，不少国家也陆续采用了这个规定。如今，国家为了保护国内农业生产安全，维护对外贸易信誉，履行国际义务，防止为害植物的病、虫、杂草等有害生物的传入和传出，设置植物检疫机关，对进出口和国内地区间调运的植物、植物产品及其运载工具实施检疫检查和除害处理。

对于植物检疫，国内外专家、学者下的定义甚多，这是因为随着人类对植物危险性有害生物认识的提高，植物保护学的发展和植物检疫工作的广泛开展，植物检疫的概念也不断得到发展，并日趋全面和完善。1954 年 Mc-Cubin 认为，“植物检疫的特征在于限制作用”。1968 年，Frances Shefield 认为，“检疫几乎就是植物保护的同义词，它包括口岸检验、田间防治，甚至执行这些措施必要的法规”。1980 年，联合国粮农组织顾问、澳大利亚联邦植物检疫助理总监 Morschel 写道：“植物检疫是为了保护农业和生态环境，由政府颁布法令限制植物、植物产品、土壤、生物有机体培养物、包装材料和商品，以及运输工具和集装箱的进口。其目的是阻止可能由人为因素引进危险性有害生物而造成可能避免的损害”。1983 年英联邦真菌研究所将植物检疫释义为“将植物阻留在隔离状态下，直至确认健康为止”。同年，联合国粮农组织的定义是：“为了预防和延迟植物病虫害在它们尚未发生的地区定殖而对货物的流通所进行的法律限制”。1992 年，欧共体专家英国海外发展部自然资源研究所的 Black 博士来华讲学，认为“植物检疫是防止非本地的、具有潜在危险性的有生物和植物病害（即检疫性有害生物）的传入，或将新传入的检疫性有害生物消灭在尚未蔓延、立足之前”。1997 年国际植物保护公约秘书处印发的《国际植物检疫术语表》、《国际植物检疫措施参考标准》中，将植物检疫定义为“旨在防止检疫性有害生物传入和扩散或确保其官方控制的一切活动”。

目前，我国把植物检疫的概念分为植物检疫和植物检疫法规进行描述。植物检疫的概念是指人们运用一定的仪器设备和技术，应用科学的方法对调运植物和植物产品的病菌、害虫、杂草等有害生物进行检疫检验，并依靠国家制定的植物检疫法规保障实施。植物检疫法规的概念是指为了防止植物危险性病、虫、杂草及其他有害生物由国外传入和国内传播蔓延，保护农业和环境，维护对内、对外贸易信誉，履行国际义务，由国家制定法令，对进出口和国内地区间调运的植物及其产品进行检疫检验与监督处理的法律规范的总称。

2. 植物检疫对象的确定

调查研究和情报资料的收集是开展植物检疫工作的基础。不摸清各地病虫分布和危害情况，就无从确定该地区的植检对象。因此，必须有计划、有步骤地对各地病虫害进行普查、抽查或专门调查，了解当地病虫的发生种类、危害情况和分布范围，从而确定植物检疫对象。检疫对象的确定，应依据下列原则：

（1）国内尚未发现或虽已发现而分布不广，或发生虽相当普遍，但正在大力控治、进行消灭的。

（2）在各国或传播地区，对经济上有严重危害性而防除极为困难的。

（3）必须是人为传播的，即容易随同种子、栽植材料、农产品、工业原料等运往各地的。

在拟定输出、输入植物检疫对象名单时，还应考虑到，为履行国际植物检疫义务，应把必须加以防范、封锁、消灭的危险性病、虫、杂草列入。

3. 植物检疫的意义

植物检疫是植物保护工作的一个重要组成部分，是贯彻“预防为主，综合防治”植保方针的重要措施。随着改革开放的深入，特别是我国加入 WTO 以后，植物检疫工作愈发显现出它的重要性（王中武等，2010）。植物检疫的意义有 2 点。

（1）保护农林牧业的健康生产。加强植物检疫是抑制病虫、杂草传播的根本性措施。当一些病虫、杂草传入到一个新的适宜其生长繁殖的地方，而没有原产地的气候条件、天敌和防治技术的控制时，往往会大量繁殖，迅速扩展，给农林牧业生产造成巨大损失。例如，1830 年，欧洲人从南美洲调运马铃薯时传入了晚疫病，1845 年晚疫病在爱尔兰大暴发，马铃薯大面积死亡几乎绝产，成为毁灭性病害，造成欧洲历史上著名的大饥荒，其中爱尔兰岛有 800 万人口，死于饥荒的竟达 20 万人，外出逃荒者达到 200 万人。又如原产于美国的葡萄根瘤蚜，1860 年随苗木传入法国。1880～1885 年，当地因此虫毁灭的葡萄园达 10 万 hm^2，致使一些葡萄酒厂倒闭。1880 年该虫又传入俄国，并在短期内传遍了欧洲、亚洲和大洋洲，成为许多国家葡萄生产的重大病害。20 世纪由原产于北美的松材线虫引起的松材线虫萎蔫病在日本造成严重危害，每年发病面积超过 6 万 hm^2，损失木材约 20 万 m^3，每年用于防治松材线虫的费用达 74 亿日元。据考证，19 世纪初因造船业的兴起，日本从美国进口了大量原木而导致松材线虫萎蔫病在日本的严重发生。1982 年在我国南京发现松材线虫，当时受害松树 265 株，到 1987 年江苏的受害松树数量已猛增到 24 万株。追查松材线虫病原的来源，发现最初发病地附近单位曾从日本进口过用木质包装箱装运的仪器和设备。甘薯黑斑病在 1937 年随侵华日军的喂马甘薯传入我国辽宁省，20 世纪 60 年代初期大流行，主要甘薯产区均发生，造成重大产量损失。人、畜吃了病薯，引起中毒。稻水象甲于 1987 年首次由日本传入我国河北省唐山市，后传入浙江、福建、安徽、湖南等地，每年以 30km 以上的速度迅速扩散。该虫危害性极大，受害稻田少则减产 20%～30%，多则减产 54%～85%，甚至绝产，给粮食生产带来不可估量的损失。

为防止危险性有害生物的入侵，必须高度重视植物检疫工作，将危险性病虫、杂草拒之门外；或传入后立即采取有力的措施消灭，防止其扩散蔓延；对不能短时间消灭的，要将其封锁在局部地区，防止扩大危害，保障农林牧业的安全生产。

（2）促进对外贸易，维护我国在国际上的政治地位和国际信誉。我国加入 WTO 以后，农产品国际贸易日益频繁，植物检疫工作显得尤为重要。只有做好植物检疫工作，才能使进出口农产品不携带危险性病虫、杂草，保证农产品国际贸易的顺利进行，打破一些国家对我国的检疫壁垒，让更多的创汇农产品走向国际市场，促进对外贸易，维护我国在国际上的政治地位和国际信誉。

4. 植物检疫的特点

（1）实施手段的法制性。植物检疫的立足点在于通过对人类活动的限制达到控制有害生物传播（任自忠等，2003）。植物检疫是通过国家的法律制度预防植物病虫害的措施，这些措施的贯彻执行受国家法律的保护，不受任何个人意志的干扰。因此，植物检疫的实施手段具有鲜明的法制性。国内外不少有关植物病虫害防治的教科书，甚至于把植物检疫称为“法规防治”。主要体现在三个方面：一是普遍性。凡是中国公民、法人和其他组织，以及在中国境内从事与植物检疫有关的各种活动的外国人、无国籍人和外国组织，都必须遵守我国的植物检疫法规，自觉接受检疫检查。二是强制性。对植物检疫法规设定的权利和义务，通过国家的强制力保证其得以实现。三是惩罚性。违反植物检疫法规的当事人，要受到相应的法律制裁。

（2）所起作用的防御性。检疫立法时，认真分析诸多有害生物信息，根据有害生物风险分析结果，制订植物检疫法规及检疫性有害生物名单，研制、引进相应的新技术。这样就可以将国内尚未发生的疫情“御之于国门之外”，或消灭于产地之中，或遏制于局部范围，从而使一个国家和地区的农业生产，免受或少受外来危险性植物病虫的侵害。

（3）技术要求的特殊性。植物检疫是植物病虫害综合治理的一项特殊措施，其核心是依法检查有关的植物和植物产品是否带有特定的危险性植物病虫。因此，植物检疫在技术要求上，也有其特殊性。比如，在抽样技术上，常规抽样主要是考虑其代表性，一般都采取随机抽样等方法抽取样品，而检疫抽样则主要是考虑可能发现危险性的植物病虫，可采取随机抽样，即认为哪里最可能隐匿危险性病虫，就从哪里抽取样品。在对危险性植物病虫进行分类鉴定时，必须做到正确无误。因为鉴定结果不仅直接关系到检疫处理，还会发生一系列不同的法律后果。在检疫对象的除治上，要力争及时、彻底，而不像一般病虫害的防治那样可以人为地确定一个防治指标。

（4）涉及范围的社会性。植物检疫的重要内容之一是监督和控制人类交流植物和植物产品的活动。因此，植物检疫所涉及的范围，具有广泛的社会性。从国内外的实践来看，植物检疫的范围，涉及农林生产、经济生活、社会交往，甚至国际关系等各个领域。从工农商学兵等各行各业，到农村、城市等方方面面，每一个与植物和植物产品交流有关的公民、法人和其他组织，都会与植物检疫发生关系。即便是科学家在科研活动中，互相交换数以克计的植物种质资源，甚至于国家元首在外交活动中，相互赠送作为国礼的友谊植物，也要遇到植物检疫的问题。

2.4.2 植物检疫的分类、实施内容及步骤

1. 植物检疫的分类

检疫性有害生物多破坏性强、蔓延快，并可经多种途径传播，因此，必须建立权威性法规，方可有效限制其扩散，而且需要有地区间和国际间的合作。根据检疫范围可以将植物检疫划分为对外检疫和对内检疫两种。

（1）对外检疫。对外检疫也称国际检疫，是为了防止危险性病、虫、杂草传入国内或带出国外，由国家在沿海港口、国际机场以及国际交通要道等处，设置植物检疫或商品检查站等机构，对出入口岸及过境的农产品等进行检验和处理。

（2）对内检疫。对内检疫也称国内检疫，是为了防止国内各省、自治区、直辖市之间由于交换、调运种子、苗木及其他农产品而使危险性的病、虫、杂草等传播并扩大蔓延而采取的一种检验和处理方法。对内检疫的目的是将其封锁于一定范围内，并加以彻底消灭。国内检疫由各省、自治区、直辖市的植检机构会同邮局、铁路、公路、民航等有关部门执行，根据各地人民政府公布的对内检疫对象名单和检疫办法进行。

2. 植物检疫的实施内容

植物检疫的实施内容主要包括危险性有害生物的风险评估与检疫对象的确定、疫区和非疫区的划分、植物及植物产品的检验与检测、疫情

的处理和相关法规的制定与实施。

（1）有害生物的风险评估与检疫对象的确定。自然界由于地理因素、气候因素和寄主分布不同所造成的隔离，使地区间有害生物的分布存在明显差异。而这种隔离差异很容易被人为破坏，使有害生物扩散蔓延。一般来说，有害生物经人为传播至新地区后，会出现 3 种结果：一是传入的有害生物不能适应当地的气候和生态环境，无法生存定居，不造成危害，如小麦腥黑穗病在气候较冷的地区发生严重，而在年平均气温 20℃以上的地区病菌不能生存；二是当地生态环境与原分布区相近，或因有害生物适应能力较强，在传入区可以生存定居，并造成危害；三是传入地区的生态环境更适宜有害生物，一旦传入，便迅速蔓延，危害成灾。因此，了解有害生物的分布、生物学习性和适生环境，以及其在传入区的危险性，确定危险性检疫有害生物，是植物检疫的首要任务。

根据《国际植物保护公约》(1979)的定义，检疫性有害生物(quarantine pests）是指一个受威胁国家目前尚未分布，或虽有分布但分布未广，对该国具有潜在经济重要性的有害生物。由于自然界有害生物种类很多，且不少国家又有利用植物检疫设置技术壁垒的趋向，为了保证植物检疫的有效实施和公平贸易，各国在确定检疫对象时，必须对有害生物进行风险评估，并提供足够的科学依据，以增加透明度。

有害生物风险评估的内容主要包括传入可能性、定殖及扩散可能性和危险程度等。一般来说，传入可能性的评估主要考虑有害生物感染流动商品及运输工具的机会、运输环境条件下的存活情况、入境时被检测到的难易程度以及可能被感染的物品入境的数量及频率。定殖及扩散可能性评估主要考虑气候和寄主等生态环境的适宜性、有害生物的适应性、自然扩散能力及被感染商品的流动性与用途。危险程度评估包括有害生物的危害程度，寄主植物的重要性，防治或根除的难易程度，防治费用及可能对经济、社会和环境造成的恶劣影响。经风险评估后，凡符合局部地区发生，能随植物或植物产品人为传播，且传入后危险性大的有害生物均可列为检疫对象。

（2）疫区和非疫区的划分。疫区是指由官方划定、发现有检疫性有害生物危害并由官方控制的地区。而非疫区则是指有科学证据证明未发现某种有害生物，并由官方维持的地区。疫区和非疫区主要根据调查和信息资料，依据有害生物的分布和适生区进行划分，并经官方认定，由政府宣布。一经宣布，就必须采取相应的植物检疫措施加以控制，以阻止检疫性有害生物从疫区向非疫区传播。

随着现代贸易的发展和风险管理水平的提高，商品携带检疫性有害生物的零允许量已被突破，疫区和非疫区也被进一步细化，进而出现了有害生物低度流行区和受威胁地区的概念。低度流行区是指经主管当局认定的，某种检疫性有害生物发生水平低，并已采取了有效的监控或根除措施的地区。受威胁地区是指适合某种检疫性有害生物定殖，且定殖后可能造成重大危害的地区，因而是植物检疫和严加保护的地区。

（3）植物及植物产品的检验与检测。植物检疫通过对植物及植物产品的检验来检测、鉴定有害生物，确定其中是否携带检疫性有害生物及其种类和数量，以便出证放行或采取相应的检疫措施。植物检疫检验一般包括产地检验、关卡检验和隔离场圃检验等，要求使用的方法必须准确可靠、灵敏度高，快速、简便、易行，有标准化操作规程，重复性好，安全且保证有害生物不会扩散。由于有害生物及被检的植物、植物产品和包装运输器具种类繁多，适用于不同种类的检测方法，在不少情况下，需要几种方法的配合使用。

产地检验是指在调运农产品的生产基地实施的检验。对于关卡检验较难检测或检测灵敏度不高的检疫对象常采用此法。产地检验一般是在有害生物高发流行期前往生产基地，实地调查应检有害生物及其危害情况，考查其发生历史和防治状况，通过综合分析做出决定。对于田间现场检测未发现检疫对象的，即可签发产地检疫证书；对于发现检疫对象的则必须经过有效的消毒处理，方可签发产地检疫证书；而对于难以进行消毒处理的，则应停止调运并控制使用。关卡检验是指货物进出境或过境时对调运或携带物品实施的检验，包括货物进出国境和国内地区间货物调运时的检验。关卡检验的实施通常包括现场直接检测和取样后的实验室检测。

（4）疫情处理。疫情是指某一单位范围内，植物和植物产品被有害生物感染或污染的情况。

植物检疫检验发现有检疫性有害生物感染或污染的植物和植物产品时，必须采取适当的措施进行处理，以阻止有害生物的传播蔓延。疫情处理所采取的措施视情况而定。一般在产地或隔离场圃发现有检疫性有害生物时，由官方划定疫区，实施隔离和根除扑灭等控制措施。关卡检验发现检疫性有害生物时，则通常采用退回或销毁货物、除害处理和异地转运等检疫措施。正常调运货物被查出有禁止或限制入境的有害生物时，经隔离除害处理后，达到入境标准的也可出证放行。

除害处理是植物检疫处理常用的方法，主要有机械处理、温热处理、微波或射线处理等物理方法和药物熏蒸、浸泡或喷洒处理等化学方法。所采取的处理措施必须能彻底消灭有害生物和完全阻止有害生物的传播和扩散，且安全可靠、不造成中毒事故、无残留、不污染环境等。

（5）植物检疫法的制定与实施。植物检疫法是有关植物检疫的法律、法令、条例、规则和章程等所有法律规范的总称，是实施植物检疫的法律依据，如我国制定的《中华人民共和国进出境动植物检疫法》和《植物检疫条例》等。根据法规涉及的范围，可将植物检疫法规分为国际性法规、区域性法规、国家级法规等。国际性植物检疫法规是国际组织制定的、需要各国共同遵守的行为准则，包括有关公约、协定和协议等，如联合国粮农组织制定的《国际植物保护公约》和世界贸易组织制定的《动植物检疫与卫生措施协议》等。区域性法规是由相近生物地理区域内的不同国家，根据其相互经济往来情况，自愿组成的区域性植物保护专业组织所制定的有关章程和规定，如《亚洲和太平洋区域植物保护协定》等。

植物检疫法规的实施通常由法律授权的特定部门负责。目前，各国均设有专门的植物检疫机构，具体负责有关法规的制定和实施。我国有关植物检疫法规的立法和管理由农业部负责，口岸植物检疫（外检）由国家出入境检疫检验局负责，国内检疫（内检）由农业部植物检疫处和地方检疫部门负责。口岸植物检疫主要负责与动植物检疫有关的国际交往活动，制定国际贸易双边或多边协定中有关植物检疫的条款，处理贸易中出现的检疫问题。国内检疫主要是根据《植物检疫条例》，制定植物检疫对象和应检物名单，实施产地、调运、邮件及旅行物品检验，签发植物检疫有关证书等。

3. 植物检疫的执行步骤

（1）划定和宣布疫区、保护区。在确定检疫对象之后，根据检疫对象分布范围和工作需要来划定疫区和保护区。一旦划为疫区，就要严格执行检疫措施，并由国家或地方定出法规共同遵守。疫区和保护区可按工作进展情况，加以缩小或扩大。

（2）组织力量，进行消灭。划定疫区后，就要从全局考虑，充分发动群众，对该地检疫对象进行封锁隔离并彻底消灭。

（3）检验及处理。对植物及其产品的检验，可分为产地检验、抽样检验及试种检验。经植物检疫部门检验后，如不带有检疫对象，即可签证放行。如发现有检疫对象，就应分别情况，进行处理。处理措施包括禁止调运、退回、销毁，禁止播种，责其在指定地点进行消毒，经复查合格后放行，责令其改变运输路线、使用地点及使用方法，就地加工或限制使用期限等。

4. 实施植物检疫的技术措施

生产健康种苗是许多国家检疫技术的根本环节。所谓健康种苗泛指不带有任何活的有害物的植物繁殖体。我国《植物检疫条例》第十一条规定：种子、苗木和其他繁殖材料的繁殖单位，必须有计划地建立检疫有害生物的种苗繁殖基地。试验推广的种子、苗木和其他繁殖材料，不得带有检疫性有害生物。俄罗斯、美、英等国也都有类似规定。这些都表明了健康种苗在植检工作中的重要性和地位。为了具体实现这一目标，我国对一些种苗需求量大的作物，根据现有先进技术，制订出健康种苗生产规程草案，并在生产实践中完善成为《产地检疫操作规程》付诸实施，可以保障国家、集体和个人的效益。在具体实践中，还需解决繁殖材料的消毒处理等技术问题。

实施产地检查也不可忽视，因为产地检查是被检对象是否标准，并最后获得签证的关键，其特点和优点也是明显的。例如，在产地更易判明植物健康情况，使有害物在装运前被截获，可及时处理，特别是在疫情不严重的情况下；由进口国（地）派人亲临供种国（或地区）目睹检疫对象及有关措施的执行，可增强对供种国的信任；经过产地检查后双方签字的证书，可免去海关和口岸等的关检手续，不仅争取了时间，还可以不受进货口岸限制。实施产地检查也有许多技术上的准备工作，如人员培训和相应的物质条件等。最后，在一年几次检查的基础上签发产地检疫合格证书，再换取植物检疫证书。执行产地检查的人员应负有建议并监督执行防治的任务，以使危险病虫的发生在原产地得到消灭。

做好关卡检疫和入境后的检疫也很必要。关卡检疫是在货物等待出入国境时的检疫，简称关检。根据规定，凡进出国、省、地区或县（市）的应检植物和产品，都应由所在地植物检疫机构加以检疫和检验，并做验后处理。进出国境的，由口岸动植物检疫局负责，称为进出境检疫或对外检疫，简称外检；而在国内地区间的检疫，称为国内检疫，简称内检，在我国具体由省、县两级检疫机构共同负责。关卡检疫后放行的货物并非万事大吉，还必须配合严格的入境后检疫，这是因为：单纯凭借检疫性有害生物名单有一定危险性，关卡抽样检查有偶然性，以及有些病虫害在新地区会遇上利于蔓延的因素。为了弥补上述关检漏洞，必须加强第三道防线，即入境后检疫，简称后检。具体内容包括：建立检疫苗圃，对疫区或国外引入的种苗实行隔离种植；隔离试种圃，以便发现疫情及时处理；建立检疫温室，在隔离条件下模仿热带及其他气候，并设有相应清洗消毒设施。最后才能做到种苗的发放并签发出圃证书。用种单位通常还得继续试种一年，确实无问题时才可正式扩大使用。

第 3 章　水稻病虫害防治技术

20 世纪 90 年代以来，我国水稻病虫害发生频率明显上升，暴发的病虫种类和次数增多，防治难度加大，损失加重。水稻病虫害的防治仍要遵循“预防为主，综合防治”的植保方针。一是要充分利用目前推广的抗病、高产、优质品种；二是要加强农业防治，通过加强肥水管理控制病虫的发生与危害；三是要注重经济和生态效益，不要迷信贵的、高毒农药，要选用对口、低毒高效农药；四是要充分利用水稻自身对病虫危害的补偿作用。水稻在各生育期对多种病虫的危害均有一定补偿功能，特别是在孕穗前的营养生长期，补偿功能更强，可增加分蘖、增强根系活力、增大叶面积、增强光合作用等，使水稻产量损失较小。但在进入生殖生长的生育后期，水稻的补偿功能下降，应注意对病虫害的防治，以免造成大的产量损失。本章首先对水稻病虫害综合防治技术进行论述，然后分别对水稻主要病害与主要虫害防治技术进行分析。

3.1　水稻病虫害综合防治技术

水稻是我国主要的粮食作物，目前种植面积超过 2800 万 hm^2，年产量达 1.7 亿 t 以上（许晓风，2006）。病虫害的发生，每年都会造成水稻大面积减产，成为阻碍水稻高产的重要因素。水稻病虫害种类很多，主要病害有稻瘟病、稻纹枯病、稻细菌性条斑病、稻粒黑粉病、烂秧病等；主要虫害有稻飞虱、稻瘿蚊、稻纵卷叶螟、三化螟、二化螟、稻蓟马等。这些病虫是水稻高产、稳产的主要障碍之一，防治不好，一般会使水稻每亩损失稻谷 20%～30%，严重的颗粒无收。因此，掌握上述主要病虫发生特点及其有效、适用的防治技术，开展综合防治，对确保水稻增产丰收将起到很大的作用。

所谓水稻主要病虫害综合防治，就是从维护稻田生态平衡出发，协调各种防治手段，处理好水稻、害虫天敌和有害生物之间的关系，达到有效控制病虫为害的目的。开展水稻病虫综合防治的好处可以概括为“三增三减”，即增产、增收、增天敌，减轻病虫为害、减少农药用量、减少农药造成的环境污染。综合防治可产生良好的经济效益、社会效益和生态效益。开展水稻病虫害综合防治，特别需要做好以下几个方面的工作。

1. 做好重大病虫监测预报

严格执行国家标准《主要农作物病虫测报调查规范》的要求，坚持系统调查和大田普查、灯（器）诱虫与田间调查相结合，以流行性、暴发性、大面积发生的病虫为重点，通过认真监测，及时掌握病虫发生动态，发布长期预报，及时、准确地进行中、短期预报，为相关部门决策提供科学依据。

2. 科学合理布局品种

采用“集团当家，组合轮换”的用种策略，因地制宜地选择抗性品种（组合），品种（组合）定期轮换，保持品种抗性，以减轻病虫害的发生。

3. 实施健身控害栽培技术

选择合理播期，错开感病虫生育期；选择合理茬口、轮作倒茬，避开桥梁田和越冬场所；合理密植，配方施肥，增强作物抗逆性，减轻病虫害的发生危害程度。

4. 实施物理诱杀技术

在水稻害虫稻飞虱、稻纵卷叶螟、螟虫和玉米害虫玉米螟、黏虫等常年发生较重的区域，推广应用频振式杀虫灯，5 月中旬至 8 月采用频振式杀虫灯诱杀成虫（一盏灯的控制面积为 50 亩），可减少田间落卵量，减轻化学防治压力，减少化学农药的使用次数和用量，减少农药对作物和环境的污染。

5. 实施生态控制技术

（1）选择对自然天敌杀伤力小的化学农药，避开自然天敌对农药的敏感时期，创造适宜自然天敌繁殖的环境条件，保护天敌，充分利用天敌对有害生物的控制作用，抑制有害生物数量增长。

（2）利用稻田生态渔业或稻鸭共育等种养技术，改善和提高田间通风透光条件，减轻病虫发生危害的程度。

（3）利用有益细菌及其代谢产物防治病虫害，如苏云金杆菌、白僵菌、阿维菌素等。

6. 实施高效安全的化学控制技术

推广高效、低毒、低残留、经济、环境相容性好的农药，限制使用中等毒性农药，禁止使用高毒、高残留、具有“三致”（致癌、致畸、致突变）作用的农药，严格按照防治指标使用农药。

3.2　水稻主要病害的防治技术

水稻的病害可分为侵染性病害和非侵染性病害两大类。在侵染性病害中，大约有真菌病 50 种，细菌病 4 种，病毒病 8 种和线虫病 10 种（许晓风，2006）。水稻上为害较重且常在生产上造成损失的真菌病有稻瘟病、纹枯病、恶苗病、胡麻叶斑病、稻曲病、云形病、鞘腐病、稻粒黑粉病和小球菌核病；细菌性病害有白叶枯病、细菌性条斑病、细菌性基腐病；病毒性病害有水稻矮缩病、水稻黄萎病；线虫病害有水稻干尖线虫病、水稻根结线虫病等。在非侵染性病害中，主要有赤枯病、有毒气体（包括 SO_2 和 H_2S 等）的烟害、含有毒化学物质的污水、土壤盐碱过重、各种养分不足或过多，以及由冷害、窒息所引起的生理性烂秧等。

3.2.1　稻瘟病的防治技术

稻瘟病由半知菌亚门梨形孢属灰梨孢引起，俗称稻热病、火烧瘟、吊头瘟、刻颈瘟、黑节瘟等。稻瘟病在世界各稻区几乎均有发生，是我国南北稻区的重要病害。稻瘟病的防治技术有以下几种。

1. 选用抗病品种

因地制宜地选用适合当地的抗病品种，并注意品种合理搭配与适时更替；加强对病菌小种及品种抗病性变化动态的监测。目前，较抗稻瘟病的品种有：

（1）早稻有早 58，湘早籼 3 号、21 号、22 号，86-44，87-156，皖稻 61，赣早籼 39 号、42 号、41 号，博优湛 19 号，中优早 81 号，中丝 2 号，培两优 288 号，华籼占，汕优 77 等（傅强和黄世文，2012）。

（2）中稻有七袋占 1 号，七秀占 3 号，培杂山青，三培占 1 号，滇引陆粳 1 号，宁粳 17 号，宁糯 4 号，杨辐籼 2 号，胜优 2 号，杨稻 2 号、4 号，东循 101，东农 419，七优 7 号，嘉 45，秀水 1067，皖稻 28 号、32 号、34 号、36 号、59 号，汕优 89 号，特优 689，汕优 397，汕优多系 1 号，满仓 515，泉农 3 号，金优 63 等。

（3）晚稻有秀水 644，原粳 4 号，津稻 308，京稻选 1 号，冀粳 15 号，花粳 45 号，辽粳 244，沈农 9017，冈优 22，毕粳 37，滇杂粳 2 号，冈优 2 号，滇籼 13 号、14 号、40 号，宁粳 15 号、16 号等（傅强和黄世文，2012）。

水稻旱种时，可选用临稻 3 号、临稻 5 号、京 31119、中国 91 等抗穗颈瘟品种。水稻进行旱直播时，可选用郑州早粳、中花 8 号等抗病品种。

2. 防止种子带菌

选无病田留种，处理病稻草消灭菌源，实行种子消毒。

3. 加强栽培管理

抓好以肥水为中心的栽培管理，提高植株抵抗力。做到施足基肥，早施追肥，中期适当控氮抑苗，后期看苗补肥。用水要贯彻“前浅、中晒、后湿润”的原则。

4. 药物防治

应用化学药剂防治稻瘟病时，应根据不同发病时期采用不同的方法，选择不同的药剂，及时、准确地用药（傅强和黄世文，2012）。

一是浸种：在播种前处理水稻种子。可供选择的药剂和方法有：

（1）用 70%抗菌素 402 液剂 2000 倍液，每 50L 药液浸稻种 30～35kg，浸种 48h，捞出洗净药液，催芽、播种。

（2）用 40%异稻瘟净乳剂 500 倍液浸种 20h，用清水冲洗净后，催芽、播种。

（3）用 40%克瘟散 1000 倍液浸种 48h，用清水冲洗净后，催芽、播种。

（4）用 45%扑霉灵 3000 倍液浸种 48h，捞出洗净药液后，催芽、播种。

（5）用 50%多菌灵可湿性粉剂 500 倍液（即 200g 药加清水 100L 搅匀，浸种 60～70kg），浸种 48h，浸后捞出，催芽、播种。

（6）用 40%多福粉 500 倍液浸种 48h，浸后捞出，催芽、播种。

（7）用 50%福美双可湿性粉剂 500 倍液浸种 48h，浸后捞出，催芽、播种。

（8）用 50%甲基托布津可湿性粉剂 500 倍液浸种 24h，浸后捞出，催芽、播种。

（9）用 40%福尔马林（40%甲醛）500 倍液浸种。即先将稻种用清水预浸 24～48h（以吸饱水而未露白冒芽为度），取出后稍晾干，当气温在 15～20℃时，将预浸稻种放入 500 倍药液中浸 48h，再捞出用清水冲洗净后，催芽、播种。

（10）用 17%菌虫清 400 倍液浸种 60h，捞出用清水冲洗净后，催芽、播种。

二是防治水稻苗瘟、叶瘟：主要在发病初期用药。稻田从分蘖期开始，如发现发病中心或叶片上有急性病斑，即应打药防治。可供选择的药剂和施用方法有：

（1）早、晚稻秧床作“面药”：每亩用 40%三环唑可湿性粉剂 40g 或 20%三环唑可湿性粉剂 50g，先用少量水将药粉调成浓浆，然后各加水

40L 和 30L，均匀浇泼在秧床上，或喷雾在床面上，再耥平床面，使药液和泥浆和匀，然后播种（赵文生和彭友良，2012）。

（2）防治水稻苗瘟：在秧苗 3～4 叶期或移栽前 5 天，每亩用 20%三环唑可湿性粉剂 75g，加水 50L 均匀喷雾。

（3）防治叶瘟：在叶瘟初发时，每亩用 20%三环唑可湿性粉剂 100g，加水 60L 喷雾。

（4）在稻苗瘟、叶瘟发病始期，每亩用 40%稻瘟灵（富士 1 号）乳油 100ml 或 40%稻瘟灵可湿性粉剂 100g，加水 60L 均匀喷雾。

（5）在稻苗瘟、叶瘟发病刚开始时，每亩用 45%瘟特灵胶悬剂 100～150ml，加水 60L 喷雾。

（6）在稻苗瘟、叶瘟发病初期，每亩用 40%灭病威胶悬剂 200g，加水 60L 喷雾；或用 40%异稻瘟净乳油 150～200ml，加水 50～60L 喷雾；或用 60%防霉宝可湿性粉剂 60g，加水 50L 喷雾；或用 21.2%加收热必可湿性粉剂 100g，加水 60～75L 喷雾；或用 50%稻瘟酞可湿性粉剂 100g，加水 75L 喷雾，或加水 8L 低容量喷雾。如病情仍有蔓延发展，隔 1 周再喷药 1 次；或每亩用 2.5%稻瘟酞粉剂 2.0～2.5kg 喷粉，或用 40%克瘟散乳剂 75～100ml，加水 75～100L 喷雾，隔 5～7d 再喷 1 次，药量同上次，能有效地控制叶瘟的扩展；或用 20%三环异稻可湿性粉剂 100～120g，加水 50～75L，喷雾防治（黄世文，2010）。

（7）移栽稻苗时，先洗净秧苗根部泥土，用 40%三环唑可湿性粉剂 700 倍液浸秧 1～2min，再堆置 30min，然后插秧，可预防稻瘟病的发生。

三是防治稻叶枕瘟、穗颈瘟和节瘟：这 3 种稻瘟病对产量影响均较大。防治穗颈瘟，要着重在抽穗期对水稻进行保护，孕穗期（破肚期）和齐穗期是防治适期。感病品种或稻苗嫩绿、施氮过多而发病较重的田块，宜用药 2～3 次，间隔期为 10d 左右。可供选择的药剂和施用方法有：

（1）在水稻破口初期，每亩用 20%三环唑可湿性粉剂 100g 或 75%三环唑可湿性粉剂 30g，加水 60L 喷雾。如果病情严重，同时气候又有利于病害发展，在齐穗时再喷 1 次药，药量同第 1 次，效果更好。

（2）每亩用 40%稻瘟灵乳油 100ml 或 40%稻瘟灵可湿性粉剂 100g，加水 60～75L，在水稻破口期和齐穗期各喷雾 1 次。

（3）每亩用 21.2%加收热必可湿性粉剂 100g，先用少量水将药粉调成糊状，再加水 50L 搅拌均匀，在水稻破口期和齐穗期各喷药 1 次。

（4）每亩用 45%瘟特灵胶悬剂 100～150ml，加水 60L，在水稻破口期、齐穗期和孕穗期喷雾。

（5）每亩用 50%稻瘟酞可湿性粉剂 100～125g，加水 75L，于水稻抽穗前 3～5d（破口期）喷药 1 次，或加 8L 水低容量喷雾。视病情隔 7d 左右，在齐穗期再喷药 1 次。

（6）每亩用 40%克瘟散乳剂 75～100ml，加水 75～100L 喷雾。在水稻抽穗达 10%时喷第 1 次药，齐穗时再喷第 2 次药，能收到良好的防治效果。

（7）每亩用 2%加收米 100ml，加水 50L 在破口期（或始病期）和齐穗期各喷药 1 次。在上述药剂溶液中，加入 2%中性洗衣粉，效果会更好。

（8）每亩用 6%施稻灵悬浮剂 35ml，加水 50L，在水稻破口期、齐穗期和孕穗期喷雾。

（9）每亩用 40%多硫胶悬剂 250g，加水 75L，在水稻破口期和齐穗期各施药 1 次。

（10）每亩用 20%丙硫咪唑（施宝灵）25g，加水 50L，在水稻孕穗后期和齐穗期各施药 1 次。喷药应选择在晴天下午进行。

3.2.2　稻曲病的防治技术

稻曲病又称青粉病，俗称丰产果、丰产病。我国南北稻区均有发生，近年在山东省个别年份发生较重。稻曲病不仅影响水稻产量，而且还污染稻谷，降低大米品质，影响人、畜健康。防治技术如下：

（1）选用抗病丰产良种。可因地制宜地选用临稻 10 号、临稻 11 号等品种。

（2）选用无病种子。建立无病留种田，避免在病田留种，种子要单收、单打、单藏。

（3）田间发现病粒时，应及早摘除，带出田间烧毁或深埋。

（4）种子消毒。用 1%的石灰水浸种，或用 50%多菌灵可湿性粉剂 1000 倍液浸种，方法参照稻瘟病的防治。

（5）加强栽培管理。施足基肥，合理施用氮肥，适当增施磷、钾肥；合理灌溉，做到浅水勤灌，适时晒田，后期干干湿湿。

（6）药剂防治。在水稻孕穗后期（水稻破口前5天左右），每亩用5%井冈霉素水剂150g，加水喷雾；或50% DT可湿性粉剂每亩100～150g，加水喷雾；或18%多·酮粉剂150～200g，加水喷雾，都能取得较好的防效。

3.2.3 白叶枯病的防治技术

白叶枯病又称白叶瘟、过火风等，是和稻瘟病、纹枯病危害同样严重的水稻三大病害之一。白叶枯病发生后，常引起水稻叶片干枯，不实率增加，千粒重下降，一般减产10%～30%，严重的减产达50%以上，甚至颗粒无收（许晓风，2006）。防治技术如下：

（1）严格实施植物检疫。建立无病留种田，遵守产地检疫和调运检疫制度，防止病害的传播和蔓延。

（2）选用抗病良种。选育和推广抗病良种，逐步淘汰感病品种。

（3）种子处理。石灰水浸种方法同稻瘟病；也可用50%代森铵乳剂500倍液，浸种24h，捞出后用清水洗净，催芽播种；或用80%“402”抗菌剂乳油2000倍液，浸种48h，浸后用清水冲洗，再催芽播种。

（4）处理病稻草。带病稻草应作燃料或沤肥，不能直接还田，也不能用病草催芽或扎秧把。另外，病稻草存放时，要远离灌溉渠道，防止病菌流入稻田。

（5）加强栽培管理。选择地势高、无病、排灌方便、远离稻草堆的地块作秧田，培育无病壮秧。加强大田期肥水管理，做到浅水勤灌，雨后及时排水，适时排水晒田，防止长期灌水和串灌、漫灌；防止过多施用氮肥，做到氮、磷、钾肥合理配合使用，使稻株生长健壮，增强抗病力。

（6）药剂防治。加强田间病情调查，一般在发病始期及时喷药防治。目前，叶青双防治白叶枯病效果较好，一般每亩用20%叶青双可湿性粉剂100g，加水50kg喷雾；也可用10%氯霉素可湿性粉剂100g，加水50～60kg喷雾；或10%杀枯净（叶枯净）可湿性粉剂150～200g，加水喷雾。

一般隔 7～10d 喷药 1 次，并根据病情确定防治次数。

3.2.4　纹枯病的防治技术

水稻纹枯病是水稻重要的真菌病害之一，由立枯丝核菌引起，广泛分布于世界各国水稻种植区域，对水稻产量造成重大损失。目前，我国水稻纹枯病的发生面积占水稻种植面积的 2/5 及以上，可引起 10%～30% 的产量损失，特别严重时可达 70%，甚至是毁灭性的。防治措施如下：

1. 消灭菌源

在稻田翻耕、灌水、耙田时，捞除田边四角的浪渣，晒干烧毁或深埋水中，铲除田边杂草，控制病稻草还田，以减少田间初次侵染源。

2. 抓好肥水管理

施肥上要注意氮磷钾配合使用，切忌偏施氮素肥料和中后期大量施用氮肥。注意合理排灌，适时搁田。

3. 药剂防治

防治重点在孕穗至齐穗期，发病严重的，也可提早到分蘖期，齐穗后根据病情发展情况酌情考虑。可用 5%井冈霉素水剂，每公顷用 1500～2250ml，加水 900～1125kg 喷雾，或加水 1125kg 喷粗雾，重点喷于水稻中下部。也可用 20%稻脚青可湿性粉剂，每公顷 750g，兑水 750～1125kg 喷雾。由于稻脚青有杀雄作用，必须在孕穗前使用，水稻孕穗后禁止使用。

3.2.5　恶苗病的防治技术

恶苗病又称徒长病。全国各稻区均有发生，近年局部地区发生较重，对水稻生产构成极大威胁，应当引起重视。防治措施如下：

（1）建立无病留种田。选用无病种子；种植抗病品种；播前进行晒种、选种，除去受伤的种子及带菌的秕谷。

（2）种子消毒。种子消毒是防治该病的重要措施。石灰水浸种和多菌灵浸种对防治恶苗病效果较好，具体方法参照稻瘟病的防治。也可用25%施保克乳油3000～4000倍液浸种3～5d，浸种期间将种子搅拌几次，使药液浓度均匀，提高消毒效果；或用25%使百克乳油2000倍液，浸种72h（王琦等，2009）。

（3）改进栽培技术。培育壮秧，拔秧时避免损伤稻根，不插隔夜秧，不在高温下插秧。

（4）清除病残体。及时处理病稻草，也不能用病稻草作浸种或催芽时的覆盖物。

（5）及时拔除病株。田间病株是再侵染的来源，为防止病害的扩散蔓延，在秧田或本田发现病株时应及时拔除，并集中烧毁或深埋。

3.2.6　细菌性条斑病的防治技术

细菌性条斑病由稻黄单胞菌水稻致病变种侵染引起，是水稻生产中一种重要的检疫性细菌病害，其发生具有流行性、暴发性和毁灭性等特点。该病是我国南方和东南亚稻区的主要病害，当气候条件适宜时，可造成40%～60%产量损失，对水稻的高产稳产造成严重威胁（张荣胜等，2014）。防治措施如下：

（1）加强检疫。不从病区向无病区调种或引种，并尽量选用抗耐性较强、丰产性能较好的品种种植，带病稻草要及时烧掉。

（2）做好农业防治。合理施肥，浅水勤灌，适时露晒田，严禁串灌漫灌，实行排灌分家。

（3）做好种子消毒。种子消毒方法同稻瘟病。

（4）抓住关键时期及时施药。发病始期或台风过后及时防治、控制蔓延为害，发病严重的田块隔7d再用药1次。有条件的可增施黑白灰。药剂使用方法：首选药剂为龙克菌，每亩用100g兑水50kg或20%叶青双（川化018）可湿性粉剂100～150g加水60kg喷雾。后期发病仍较重的情况下，可与磷酸二氢钾等根外肥混合喷施。

3.2.7 稻粒黑粉病的防治技术

稻粒黑粉病是一种真菌性病害，在我国从南到北的稻区都有发生，以中、晚稻发生较多。随着杂交水稻的普及推广，杂交稻制种产量的提高，此病发生更为广泛，其损失程度也越来越大，正逐步上升为水稻主要病害之一（刘慧，2008）。该病应采用减少菌源、栽培控病和穗期药剂保护相结合的防治策略。防治策略如下：

（1）减少初侵染菌源。合理轮作，深耕，选无病种子等。

（2）栽培控病。合理配方施肥，加强水肥管理，适当使用“920”等，促进花期相遇等。

（3）种子处理。方法可参照水稻烂秧病进行。

（4）药剂防治。母本盛花期进行药剂防治是防治该病的关键。每亩用 50%多菌灵可湿性粉剂 150g，或 70%甲基托布津可湿性粉剂 100g，或 20%粉锈宁乳油 80ml，或 40%灭病威 200ml，或灭黑 1 号 300ml 兑水在盛花期喷雾 1～2 次。

3.2.8 烂秧病的防治技术

烂秧病在我国各水稻产区均有不同程度的发生。因气候反常、管理不当，不少稻区常发生严重烂秧，以致毁种重播，种子浪费，妨碍品种布局，贻误农时，严重影响水稻的产量和品质。水稻烂秧是种子、幼芽和幼苗在秧田期死亡的总称（即烂种、烂芽和死苗），可分为生理性烂秧和侵染性烂秧两大类。生理性烂秧指单纯由不良环境条件所造成的病害；侵染性烂秧则多指在不良环境下腐霉菌、绵霉菌、镰刀菌及丝核菌等弱性寄生菌为害而引起的病害。大面积的烂芽和死苗多属于侵染性病害。水稻烂秧的防治以农业防治为根本措施结合化学防治进行。防治技术如下：

（1）农业防治。狠抓种子浸种、催芽、播种的质量，同时，还要强调秧田整地质量，有机肥要充分腐熟，科学施肥、用水。

（2）化学防治。侵染性烂秧应在秧苗一叶一心至 3 叶期，出现叶尖无水珠和零星卷叶时及时喷药。可用 50%敌克松可湿性粉剂 700 倍液或 30%立枯灵 500～1000 倍液浇灌，若病情较严重，药液浓度应适量加大。

3.3　水稻主要虫害的防治技术

近几年，由于环境的持续恶化以及水稻品种单一等因素的影响，人们对水稻的产量和品质给予高度关注，但却忽略了水稻的抗逆性特点。为了更好地提高水稻的产量，在水稻生长过程中往往施加大量的氮磷钾肥，对水稻的抗逆性造成一定的影响，引起水稻病虫害频繁发生（蔡翁泉，2016）。本节对水稻种植过程中常见虫害的防治技术进行了阐述。

3.3.1　稻纵卷叶螟的防治技术

稻纵卷叶螟属鳞翅目螟蛾科，俗称纵卷叶虫、卷叶虫、刮叶虫、白叶虫等。稻纵卷叶螟的主要寄主为水稻，其他有稗、游草等禾本科杂草。稻纵卷叶螟属迁飞性害虫。20 世纪 60 年代以前在我国属偶发性害虫，70 年代以后成为我国水稻上重要的害虫。稻纵卷叶螟的防治技术如下：

1. 农业措施

（1）选用抗（耐）虫品种或组合。在稻纵卷叶螟重发区推广使用叶片硬厚、主脉坚实的高产水稻品种。低龄幼虫卷叶困难，幼虫成活率低，危害轻。

（2）合理密植。推广小群体壮个体、推行稀植等栽培措施，增加田间通风、透光，降低田间湿度。

（3）合理施肥、科学用水，氮磷钾合理搭配，促使水稻正常生长、适期成熟，防止稻苗猛发嫩绿，后期贪青迟熟，减轻危害；适时、适度搁田，降低田间湿度，抑制卵孵化率和初孵幼虫成活率。

2. 化学防治

在江苏稻区，一般年份采取“治好二代、狠治三代、挑治四代”的防治策略（孙海波，2009）。用药适期为发蛾高峰后 7～10d。防治技术：每亩使用 18%杀虫双水剂 200ml，或 90%杀虫单可溶性粉剂 40～50g 以及其他沙蚕毒素类药剂适量，兑水40kg常规喷雾。在稻桑混作区可改用每亩5%锐劲特悬浮剂30～40ml等药剂及其复配剂。

3.3.2　中华稻蝗的防治技术

中华稻蝗俗称油蚂蚱。中华稻蝗除为害水稻外，还为害麦类、甘薯、玉米、高粱、芦苇等多种作物和杂草。中华稻蝗的防治技术如下：

1. 农业防治

组织人员铲埂、翻埂，消灭越冬蝗卵；清除田边、路旁的杂草，消灭虫源基地；结合春耕整地，打捞稻田的浮渣，消灭蝗卵。

2. 人工灭虫

蝗蝻3龄前主要集中在稻田边、渠旁等处，可用捕虫网捕杀。

3. 生物防治

中华稻蝗的天敌种类较多，有青蛙、蟾蜍和寄生蝇等，要注意保护天敌，也可放鸭啄食，消灭蝗蝻。

4. 药剂防治

抓住3龄前的有利时机，突击进行防治。3龄后迁入大田。当每丛水稻有虫1头时，应及时防治。每亩用25%杀虫双水剂150～200ml，或50%辛硫磷乳油50～75ml，或80%敌敌畏乳油100ml，或5%锐劲特胶悬剂10～15ml，加水50kg喷雾（徐敬友等，1993）。

3.3.3　二化螟的防治技术

二化螟属鳞翅目螟蛾科，俗称蛀秆虫、蛀心虫。二化螟的寄主种类繁多，包括水稻、茭白、野茭白、玉米、高粱、小麦、粟、甘蔗、稗草，以及油菜、蚕豆、绿肥、慈姑等植物。二化螟的防治技术如下：

1. 消灭越冬虫源

水稻收获后，及早深耕灭茬；彻底清除田边、沟边杂草；对含虫量多的稻草，可切去基部10～15cm烧毁；结合春耕，将稻茬、稻草等翻入土中，消灭越冬幼虫。

2. 灌水灭蛹

二化螟有在茎秆下部近水面处化蛹的习性。在将要化蛹时，结合晒田放干田水或灌浅水，可以降低化蛹的部位。到化蛹高峰期时，立即灌10cm以上的深水，保持3～4d，可淹死大量的虫、蛹。

3. 及时拔除被害株

在田间发现枯心苗或白穗时，应立即齐根拔除，带出田外，集中烧毁，以消灭幼虫，防止幼虫转株为害。对卵量大的地块，也可组织人员采摘卵块，能有效地减轻二化螟的发生。

4. 生物防治

二化螟的天敌主要有稻螟赤眼蜂、二化螟绒茧蜂等，在防治时应选用对天敌杀伤小的农药品种，改进用药方法，保护天敌。

5. 药剂防治

在二化螟卵孵化高峰后3～5d，或初见枯稍时，及时喷药防治。每亩用25%杀虫双水剂150～200ml，加水75kg喷雾；或5%锐劲特胶悬剂35～60ml，或20%三唑磷乳油100ml，加水50～70kg喷雾；或50%巴丹可溶性粉剂75～100g，加水喷雾。也可用90%敌百虫晶体150g，拌不干不湿的细土15kg撒施（袁培祥等，2013）。

3.3.4 三化螟的防治技术

三化螟与二化螟一样，同属鳞翅目螟蛾科，俗称钻心虫，专食水稻。三化螟的防治应采取防、避、治相结合的综合防治策略，以农业防治为基础，根据虫情合理结合化学防治和其他防治措施（赵文生和彭友良，2013）。三化螟的防治措施如下：

1. 农业防治

结合当地条件，可选用以下 1 种或多种措施。①春耕灌水，淹没稻桩 5d 以上；②在同一地区，尽可能选用生育期（熟期）较一致的水稻品种，播种期、移栽方式也尽可能一致，以减少水稻混栽；③选用良种，提高种子纯度，适当调整水稻播种期，使水稻“危险生育期”能避开蚁螟孵化盛期；④合理施肥和水浆管理，促使水稻早分蘖、健壮、长势一致。

2. 化学药剂防治

（1）在秧田期或水稻分蘖期防治“枯心”。每亩有卵块或稻株心叶失水开始卷曲的枯心团超过 120 个的田块，可防治 1～2 次；60 个以下可挑治枯心团。如果防治 1 次，应在蚁螟孵化盛期用药；如果防治 2 次，在孵化始盛期开始防治 1 次，5～7d 后再施药 1 次（赵文生和彭友良，2013）。

（2）防治“白穗”。在蚁螟盛孵期内，水稻破口期是防治白穗的最佳时期（破口 5%～15%时），若虫量大，可在第一次防治后间隔 5～7d，增加 1 次施药。

（3）常用药剂。防治枯心，每亩可选用 92%杀虫丹可湿性粉剂 50～75g、2%阿维菌素乳油 80～100ml、48%毒死蜱乳油 60～100ml、40%辛硫磷乳油 80～100ml、50%杀螟松乳油 100ml、20%氯虫苯甲酰胺悬浮剂 10～20ml 或其复配剂，以上药剂每亩用药量兑水 50kg，于清晨或傍晚均匀喷雾；防治白穗，可选用 20%三唑磷乳油每亩 100～120ml，或 48%毒死蜱乳油每亩 100～120ml，或三唑磷、毒死蜱分别与阿维菌素的复配剂（每亩使用的有效剂量不少于单剂），以上药剂每亩用药量兑水 60～75kg，于清晨或傍晚均匀喷雾。

3. 生物防治

三化螟的天敌主要有卵寄生性的稻螟赤眼蜂、黑卵蜂、啮小蜂以及捕食幼虫的蜘蛛、青蛙等。病原微生物如白僵菌是早春引起幼虫死亡的重要因子。对于这些天敌，重在保护性利用。在进行化学药剂防治田间病虫害，尤其是在水稻早中期防治时，应注意选用低毒药剂，避免使用三唑磷等严重杀伤天敌的农药。

3.3.5 稻飞虱的防治技术

稻飞虱种类很多，是我国水稻上的主要害虫之一。稻飞虱为迁飞性害虫。对稻飞虱的防治首先应种植抗性优良品种，其次是加强稻田的肥水管理，适量施用氮肥，增施磷钾肥；浅水勤灌，适时晒田，并发挥天敌（如蜘蛛等）等因素的控制作用，也可在田间放养水鸭灭虫。当以上各项措施均不能有效控制褐飞虱的数量时，在防治适期及时喷洒药剂进行防治。

防治适期通过测报来确定。参照各生长期防治指标，狠抓大发生前一代，一般在2龄、3龄若虫盛发期施药。稻飞虱可用以下药剂进行防治：①25%扑虱灵可湿性粉剂，每公顷用药375～750g，加水1125～1500kg喷雾；②10%叶蝉散可湿性粉剂，每公顷用药3000～3750g，加水750～1500kg喷雾；③25%速灭威可湿性粉剂，每公顷用药1500～2250g，加水750～1125kg喷雾；④10%吡虫啉可湿性粉剂，每公顷用药150～300g，加水750kg喷雾。喷雾时，要保持田间有水，以提高防效；⑤80%敌敌畏乳油，每公顷3000ml，拌细土300～375kg，于傍晚撒施到已排干田水的稻田，施药1d后再灌水。

3.3.6 稻蓟马的防治技术

稻蓟马成、若虫以口器锉破叶面，形成微细黄白色斑，叶尖两边向内卷折，渐及全叶卷缩枯黄。分蘖初期受害重的稻田，苗不长、根不发、无分蘖，甚至成团枯死。晚稻秧田受害更为严重，常成片枯死，状如火烧。在我国，北起黑龙江省、内蒙古自治区，南至广东省、广西省和云南省，东自台湾省，西达四川省、贵州省均有发生。稻蓟马的防治技术有以下几种。

1. 农业防治措施

（1）铲除杂草，消灭虫源。冬后至早秧出苗前，铲除田埂、沟边、塘边杂草，消灭过冬虫口，以减少秧田和早栽本田的发生量。

（2）合理运用栽培技术，培育和移栽壮秧，因地制宜，不用或少用小苗秧和嫩秧。植期整齐，以减少或防止稻蓟马的辗转为害；本田在栽秧前施足基肥、面层肥，栽后加强肥水管理，促使苗“早生快发”，植株壮健，缩短受害危险期。

2. 合理使用化学农药

（1）施药时期次数。秧苗期施药 1～2 次，本田分蘖期挑治 1 次。秧田第 1 次施药一般在 4 叶期以后，当虫口达到防治指标时即需施药防治，第 2 次在移栽前 3～5d 进行，或移栽时用药液浸秧尖，防止秧苗带虫入本田。

（2）防治指标。秧苗 4 叶期后每百株有虫 200 头以上或 4 叶期后有卵 300～500 粒或叶尖初卷率达 5%～10%，或本田分蘖期百株有虫 300 头以上或有卵 500～700 粒，或叶尖初卷率达 10%左右，则列为防治对象田（许晓风，2006）。

（3）适期施药。虫口数量达到防治指标时，选择若虫盛孵期施药。

（4）用药量及施用方法。每亩用 40%乐果乳剂 100g 兑水 50～75kg 喷雾。施药时，田内保持浅水，撒粉应在早上露水未干时进行。浸秧尖可用 90%敌百虫晶体 800～1000 倍液或 40%乐果乳剂 1000～1500 倍液，于拔秧后随浸随插。水稻开花期如需施药防治，要选择对花器无药害的药剂，避免在开花时施药，以防止药害及残毒污染谷物。

（5）超低量喷雾。秧田和本田每亩用 40%乐果乳剂 50～75g，兑水 3～4 倍。超低量喷雾防效好，省药、省工，工效高，比一般施药方法优越，但施药时要做好安全防护。

3. 保护天敌

稻田蜘蛛是稻蓟马的重要捕食性天敌之一。杀虫剂对它有较强的杀伤力，需要认真保护。减少施药次数，避免每隔 3～5d 1 次、连续 3 次以上的施药法，可以使蜘蛛数量回升相对快于稻蓟马数量回升，发挥天敌对稻蓟马的抑制作用。

3.3.7 稻瘿蚊的防治技术

稻瘿蚊主要发生在广东、广西、江西、湖南等省，1 年发生 7～8 代，以 7～10 月晚稻秧田及本田分蘖期发生最重。稻瘿蚊以幼虫潜入水稻叶鞘内侧，蛀入生长点吸食汁液，对产量影响较大。稻瘿蚊有趋光性，喜阴凉环境，多雨、高温天气有利于稻瘿蚊的大发生。稻瘿蚊的防治技术如下：

1. 加强农业防治和健身控制栽培

早稻收割后，及时犁田耙沤并铲除田基、沟边杂草，消灭杂草及稻根腋芽、再生稻上的虫源。晚稻在 7 月上旬播完种，在 8 月 5 日前插完秧，可分别避过或减少第三代、第六代的为害时间。施足基肥，施分蘖肥，促进禾苗早生快发，及早分蘖、够苗，减少为害。

2. 保护利用天敌

稻瘿蚊寄生蜂种类较多，寄生率较高，有时可高达 90%以上，需加以保护利用。

3. 科学用药、扑灭为害

重抓秧田防治关，可减少本田受害和防治难度。秧田防治采用毒土畦面撒施方法，效果好。每亩秧田用 10%益舒宝 1.2kg，或 3%米乐尔 1.5kg，或 3%呋喃丹 5～7kg，拌细沙 15kg 均匀撒施。施药时秧田要保持水层，并让其自然落干。旱育秧田使用喷雾法防治。每亩用三唑磷 250g，或杀虫双 200g 加乐果 150g、水 50kg，隔 5d 喷 1 次，连喷 3 次。水育秧田也可用此法。如果秧田漏治或防治不过关，“标葱”比较多，历史发生区或大发生年份插后应重药重肥，每亩施尿素 7～10kg，钾肥 7～10kg，同时每亩用益舒宝 1.2kg，或米乐尔 1.5kg，或呋喃丹 6kg 拌细沙 15kg 或拌肥撒施（湖南长沙农业学校，1987）。

3.3.8　黏虫的防治技术

黏虫又称剃枝虫、行军虫，是一种为害粮食作物和牧草的多食性、迁移性、暴发性大害虫。黏虫的防治技术如下：

1. 压低越冬代及一代虫源数量

在我国南方黏虫可顺利越冬的地区压缩小麦种植面积，可压低越冬代及一代虫源数量，秋季在玉米、高粱等高秆作物田内结合中耕培土，锄草灭荒，对控制三代黏虫效果明显。

2. 诱杀成虫

从黏虫成虫羽化初期开始，用糖醋液、黑光灯或枯草把可大面积诱杀成虫或灭卵。

3. 化学防治

在水稻、玉米、高粱苗期百株有幼虫 20～30 头，或玉米生长中后期百株有幼虫 50～100 头时，应施药防治。在幼虫 3 龄以前，每公顷用灭幼脲 1 号（有效成分 15～30g）或灭幼脲 3 号（有效成分 5～10g），加水后常量喷雾或超低容量喷雾，田间持效期可达 20d（黄次伟等，1999）。也可用 90%敌百虫 1000 倍液或 80%敌敌畏 1000 倍液，或 50%辛硫磷乳油 1500 倍液，或 25%氧乐氰乳油 2000 倍液均匀喷雾。

4. 保护、利用天敌

黏虫天敌有蛙类、鸟类、蝙蝠、蜘蛛、线虫、螨类、捕食性昆虫、寄生性昆虫、寄生菌和病毒等多种。其中步甲可捕食大量黏虫幼虫，黏虫寄蝇对一代黏虫寄生率较高。黏虫黑卵蜂对卵寄生率较高，在有些地区黏虫卵索线虫对黏虫幼虫寄生率很高。麻雀、蝙蝠可捕食大量黏虫成虫，瓢虫、食蚜虻和草蛉等可捕食低龄幼虫，各地可根据当地情况注意保护利用这些天敌。

3.3.9　福寿螺的防治技术

福寿螺又名大瓶螺，原产于南美洲。福寿螺曾作为食用螺引入我国，因其适应性强，繁殖迅速，成为危害巨大的外来入侵物种。福寿螺食量极大，咬食水稻、蔬菜等农作物，可造成严重减产，是名副其实的农作物杀手。每只雌螺可年产卵万粒左右，繁殖量惊人，可造成其他水生物种灭绝，极易破坏当地的湿地生态系统和农业生态系统。福寿螺的防治技术如下：

1. 农业防治

（1）可在福寿螺发生区的田块、沟渠放养鸭子，充分发挥鸭子喜好食螺的习性，减少幼螺数量。此外，在台湾省放养青鱼食螺是目前比较成功的防治福寿螺的方法之一，尤以青鱼体型较大时吃螺的效果较好。

（2）人工捕螺、摘卵、拾螺。福寿螺螺体及卵块颜色容易识别，便于捡摘，而且福寿螺成、幼螺一般在早晨和下午最活跃，较易被发现，因此此时是人工捕捉的最好时机。平时结合农事操作，见螺及卵块随即消灭，特别在春秋两季福寿螺产卵高峰期，应组织人员摘卵捡螺。拾取的成、幼螺可喂鸡鸭等，也可作沤肥处理。

（3）可利用有毒植物诱杀福寿螺，或者利用一些引诱物来诱集福寿螺或引诱成螺产卵，然后集中消灭成、幼螺和卵块。例如，在田中放一些烟叶或辣椒、星状花的叶片，可直接诱杀福寿螺，用楝树叶、芋头、香蕉、木瓜、喇叭花和旧报纸等引诱物可收集福寿螺，或在田中插一些毛竹桩诱集福寿螺成螺产卵，然后集中销毁，这些均是减少福寿螺危害的非常有效的方法。

（4）在主要灌溉水进出口处放一张金属丝网或竹网，避免因串灌而将福寿螺幼螺和成螺带进新稻田，阻止福寿螺在稻田间相互传播，同时也可收集到大量福寿螺，进而销毁。

2. 药物防治

当稻田每平方米平均有螺 2～3 头及以上时，宜在成螺产卵前用药，可选用防治效果好且对环境友好的药剂，如每亩用 50%螺敌可湿性粉剂 65g 或 8%灭蜗灵颗粒剂 1.5～2kg、6%蜗克星颗粒剂 500g、5%梅塔颗粒剂 250～400g、2%三苯醋锡粒剂（TPTA）100～150g（温度低于 20℃时用较高药量，但不得超过 150g）、6%密达杀螺颗粒剂 500～700g、45%百蜗敌超微可湿性粉剂 50g，可拌细砂、细土或饼屑 5～10kg 撒施，施药后保持 3～4cm 深水层 3～7d 效果较好。每亩用 70%贝螺杀可湿性粉剂 50g 喷雾虽有较好防效，但该药剂对人的皮肤有强烈刺激作用，对水生生物毒性大，使用时要注意安全，不宜在套养鱼、虾的稻田中使用，还需防止药剂流入鱼塘。此外，每亩撒施 25kg 石灰亦可取得较好的防治效果（傅强和黄世文，2012）。

福寿螺是一种外来生物，由于盲目引进、大量饲养和管理不善而成为我国水稻等农作物上的重要有害生物。加强对福寿螺引进、饲养和开发的管理，并防止该虫由发生地通过附着在土壤中或水生植物的根部、茎基部随运输而扩散，是控制该虫继续扩大危害的关键措施。

3.3.10　大螟的防治技术

大螟的防治策略同二化螟、三化螟，即采取防、避、治相结合的策略，以农业防治为基础，在掌握虫情的基础上合理施用化学农药。

1. 农业防治

压低及杀灭越冬虫源。可于早春前处理稻茬及其他寄主（如田边杂草、玉米、菰）越冬残株，也可在大螟转移为害水稻之前，及时铲除田边杂草，均能有效降低第一代虫量。

2. 药剂防治

一般可在防治二化螟、三化螟时兼治（但对使用锐劲特防治二化螟、三化螟的稻田不在此列），若发生量较大则需单独防治，主要根据大螟趋性。早栽早发的早稻、杂交稻以及大螟产卵期正处在孕穗至抽穗或植株高大的稻田是化学防控的重点。生产上当枯鞘率达 5%或始见枯心苗时，以挑治田边 6～7 行水稻为主，在 1～2 龄幼虫阶段及时用药。可每亩用 18%杀虫双水剂 250ml 或 80%杀虫单粉剂 35～40g、90%敌百虫晶体 50～75g、50%杀螟松乳油 100ml、50%杀螟丹乳油 100ml 喷雾，也可每亩用 90%敌百虫晶体 100g 加 40%乐果乳油 50ml 加水喷雾，喷雾用水量一般每亩 50～75L。

第 4 章 小麦病虫害防治技术

小麦是世界上分布范围最广、栽培面积最大、总产量最高的粮食作物。在我国，有一半以上人口以小麦为主要粮食，小麦是仅次于水稻的第二大粮食作物。随着小麦生产的发展，病虫害趋于复杂，主要病虫害的危害加重，对防控工作提出了更高的要求。本章首先论述小麦病虫害的综合防治技术，然后分别对小麦病害防治技术与虫害防治技术进行论述。

4.1 小麦病虫害综合防治技术

4.1.1 做好重大病虫监测预报

及时、准确地监测预报重大病虫的发生、流行动态是实施病虫害综合防治的前提。在病虫害的监测预报过程中，要坚持系统调查和大田普查、灯（器）诱虫与田间调查相结合，以流行性、暴发性、大面积发生的病虫为重点，通过认真监测，及时掌握病虫发生动态，发布长期预报，及时准确进行小麦条、叶、秆锈病，白粉病和麦蚜、吸浆虫等主要病虫害种群动态的中、短期预报，明确影响这些病虫发生消长的规律和关键因素。

4.1.2 科学合理布局品种

采用“集团当家，组合轮换”的用种策略（许晓风，2006），因地制宜地选用抗性品种（组合），品种（组合）定期轮换，保持品种抗性，减轻病虫害的发生。争取做到以下三点：①合理布局，扬优抑劣：劣质小麦不享受国家保护价，应减少劣质小麦种植面积，并与非禾本科作物间套；②合理选用品种：在选用品种时，除选择适宜当地地理、水肥和气候条件的优质高产性能品种外，还要选抗（耐）病、抗虫的抗性品种；

③适期晚播：这样可缩短多种病虫为害的时间。

4.1.3 实施健身控害栽培技术

选择合理播期，错开感病虫生育期；选择合理茬口轮作倒茬，避开桥梁田和越冬场所；播种前深耕灭茬，适时浇水，压低地下害虫数量，减少土壤表层菌源量；合理密植，配方施肥，增强抗逆性，减轻病虫害发生的危害程度；清除杂草，搞好麦田卫生，及时清除杂草和小麦自生苗（遗落在地里麦穗、麦粒长出的麦苗），有减少、压低虫量和病源的作用；合理灌水可提高植株的抗虫、抗病性，因灌水降低植株汁液浓度而降低了麦二叉蚜、禾谷缢蚜等蚜虫的营养成分，从而降低蚜虫繁殖数量，还因提高了田间湿度而利于蚜霉菌繁殖寄生，达到控制麦蚜和其他病虫的目的；叶面喷施肥料，如喷洒磷酸二氢钾、尿素等肥料溶液可恶化麦蚜和其他病虫的营养和生存条件，不利于它们的生长发育。

4.1.4 实施物理诱杀技术

在玉米螟、黏虫等发生较重的区域，推广应用频振式杀虫灯。于5月中旬至8月，采用频振式杀虫灯诱杀成虫（一盏灯的有效控制面积约为50亩），可减少田间落卵量，减轻化学防治压力，减少化学农药的使用次数和用量，减少农药对作物和环境的污染（许晓风，2006）。

4.1.5 实施生态控制技术

选择对自然天敌杀伤力小的化学农药，避开自然天敌对农药的敏感时期，创造适宜自然天敌繁殖的环境条件，保护天敌，充分利用天敌对有害生物的控制作用，可抑制有害生物数量增长。

保护、利用天敌，可充分发挥昆虫种群自然控制系统中天敌因子群的作用。麦田中的害虫天敌种类多达700余种，其中主要的有鸟类、蜘蛛、草蛉、瓢虫、黑肩绿盲蝽、步行虫、寄生蜂、寄生蝇、寄生菌、线虫等。

利用有益细菌及其代谢产物也可防治病虫害，如苏云金杆菌、白僵菌、阿维菌素、井冈霉素等。

4.1.6　实施高效安全的化学控制技术

根据监测预报结果，把握好重大病虫害的防治指标、关键时期和防治区域，严格执行《农药安全使用标准》（GB/T 8321），严格按照防治指标使用农药。推广高效、低毒、低残留、经济、环境相容性好的农药，限制使用中等毒性农药，禁止使用高毒、高残留、具有“三致”（致癌、致畸、致突变）作用、影响作物质量的农药以及含有上述农药的混配制剂。

4.1.7　明确小麦不同生育期的防治重点

1. 播种期

小麦播种期防治病虫害是整个生育期防治的基础，做好播种期病虫害防治有利于压低小麦全生育期的病虫基数。此期防治重点是地下害虫、吸浆虫、纹枯病等种传、土传病虫害。防治措施主要是土壤处理、药剂拌种或种子包衣。在金针虫主发生区，用 40%甲基异柳磷乳油与水、种子按 1∶80∶（800～1000）的比例拌匀，堆闷 2～3h 后播种；在蛴螬主发生区，用 50%辛硫磷乳油与水、种子按1∶（50～100）∶（500～1000）的比例拌种（许晓风，2006），可兼治蝼蛄、金针虫；在吸浆虫重发区，每亩用 2～3kg 3%甲基异柳磷颗粒剂或辛硫磷颗粒剂拌砂或煤渣 25kg 制成毒土，在犁地时均匀撒于地面翻入土中；用 15%三唑酮可湿性粉剂 200g 拌种 100kg，可有效预防黑穗病、纹枯病、白粉病等。种子包衣也是防治病虫害的一项有效措施，各地应因地制宜，根据当地病虫种类，选择适当的种衣剂配方，如用 2.5%适乐时悬浮种衣剂 100～200ml 与 100kg 种子进行包衣，可预防纹枯病、黑胚病、根腐病等多种病害，若加入适量的甲基异柳磷乳油，则可病虫兼治。

2. 返青拔节期

返青拔节期的防治重点是小麦纹枯病、吸浆虫，挑治麦蜘蛛。纹枯病是近年来小麦生产中的主要病害之一，防治上宜早不宜迟，苏北地区一般在 3 月上中旬喷第 1 次药剂，隔 10～15d 再喷 1 次。每亩用 20%纹枯净可湿性粉剂25～40g、12.5%禾果利可湿性粉剂15～20g或20%三唑酮乳油40～50g，兑水50kg，对准小麦茎基部进行喷雾，可兼治其他病害。在吸浆虫重发区，要抓住此时麦苗小，容易操作的有利时机，当吸浆虫幼虫上升到土表活动时进行第2次土壤处理，每亩用40%甲基异柳磷乳油150～200ml兑水适量，拌细土25kg制成毒土，顺麦垄均匀撒施，然后浅锄，将药剂翻入土中，再浇水；或每亩用3%甲基异柳磷颗粒剂2kg拌细土20kg，均匀撒施于土表（石明旺，2013）。当调查部分或点片麦田红蜘蛛达到防治标准后，每亩用1.8%虫螨克乳油6～8ml兑水50kg喷雾进行挑治。

3. 孕穗至抽穗扬花期

孕穗至抽穗扬花期的防治重点是麦蜘蛛，监测白粉病、锈病、赤霉病等。当田间麦园蜘蛛或麦长腿蜘蛛每市尺*单行虫量分别达到200头或100头时进行防治，每亩用1.8%虫螨克乳油6～8ml兑水50ml喷雾效果显著。白粉病、锈病等病属流行性病害，必须注意定期调查，当达到防治指标时应及时进行防治，以防止其大面积流行，每亩用12.5%禾果利可湿性粉剂20g或20%三唑酮乳油50～75ml兑水50kg均匀喷雾，防治效果较好（石明旺，2013）。小麦齐穗至始花期，若天气预报有3d以上连阴雨，应立即每亩用50%多菌灵可湿性粉剂100g或70%甲基托布津可湿性粉剂100g，兑水50kg喷雾，可有效预防赤霉病的发生。

4. 灌浆期

灌浆期是多种病虫害为害高峰期，也是防治的关键时期。此期防治重点是麦穗蚜、白粉病、锈病等。每亩用2.5%辉丰菊酯乳油20～30ml或25%快杀灵乳油25～35ml，兑水50kg进行喷雾，可有效防治麦穗蚜（许晓风，2006）。防治白粉病、锈病的方法同上，同时可兼治叶枯病等。以上杀虫杀菌剂可一次性混合施用。若田间天敌与蚜虫的比例大于1∶120时就不必再用防治蚜虫的杀虫剂。

*1市尺≈33.33cm。

4.2　小麦病害的防治技术

病害是影响小麦生长的重要因素，病害的扩大会严重危害到各地区小麦的产量和质量，尤其是华北及东北的小麦主要产区，因此种植小麦的农民也比较重视小麦病害的管理。但是单纯的管理是不能根治病害的，必须及时对小麦病害做出防御，才能避免病害扩大到无法遏制。

4.2.1　锈病的防治技术

锈病，别名黄疸，传播速度快，分布范围广，危害面积大，已成为影响我国小麦健康生长的主要病害之一。小麦锈病主要分为叶锈病、条锈病、秆锈病 3 种。调查显示，在小麦锈病流行年间，小麦平均减产 10%～20%，严重年份会减产 30%左右，甚至造成一些田地颗粒无收。小麦锈病主要表现为：小麦植株形成伤口，造成水分、养分的流失，并使叶绿素受到破坏，制约小麦的发育与生长，进而导致小麦产量大幅下降。小麦锈病的综合防治技术如下：

1. 农业措施

（1）选用抗病品种。这是防治小麦条锈病最经济有效的办法。据统计，几个小麦锈病流行年份都是因为大面积种植了感病品种，只要大面积种植抗病品种，品种布局合理，更新换代快，条锈病就不会大面积流行。

（2）加强栽培管理，减轻条锈病危害。①调整播期：冬麦区在不误农时、有利于小麦生长发育的前提下，避免过早播种，可有效地减轻秋苗发病。②注意灌水和排水：小麦发生条锈病后失水过多，要加强灌溉，以减轻受害。特别是灌浆期，灌水的保产作用，远大于提高田间湿度促进条锈菌侵染的不良作用。但降水过多，田间有积水，就需开沟排水。③合理密植：小麦种植过密，会使植株生长细弱，降低抗病能力，同时会增加田间湿度，诱发病害的发生，因此要做到合理密植。

2. 化学防治

（1）防治指标。化学防治的关键是要做到有的放矢，适期防治。非流行年份，宁夏大部分地区不需要进行药剂防治，流行年份则要普遍防治。发病早期的防治要求是“发现一点，防治一片”，中后期的防治指标为普遍率（病叶率）2%。

（2）防治时间和防治次数。流行年份银川南部山区施药始期在 5 月上中旬，银南地区 5 月中下旬，银川、银北地区 6 月初，以后隔 10d 左右施药，按发病早晚和病情发展快慢施药 1～2 次，最后一次施药要在小麦收获前 20d 左右（王琦等，2009）。

（3）防治药剂。目前防治小麦条锈病的最佳药剂是三唑酮类、丙环唑类、腈菌唑类、烯唑醇类、戊唑醇类农药。可每亩用 15%三唑酮可湿性粉剂 40g 或 25%三唑酮可湿性粉剂 25g，兑水 40～50kg 喷雾。另外，利用三唑酮拌种，也可有效防治小麦条锈病，同时可兼防白粉病、黑穗病、全蚀病等病害。

4.2.2 白粉病的防治技术

白粉病是由真菌引起的病害。小麦白粉病病菌通常以菌丝体在冬麦苗上越冬，对温度、湿度较为敏感。各地的农业生态条件不同，白粉病的发生情况相差很大。具体了解当地白粉病的流行特点，才能制订合理的防治策略，采取有效防治措施。

1. 种植抗病品种

我国长期大面积推广的小麦品种，大部分具有抗病基因 *Pm8*。因病原菌生理小种的变动，目前该基因在大部分地区已基本失效或完全失效，需换用含有其他抗病基因的品种。白粉病菌具有许多生理小种，各地小种组成与优势小种类群不同，对选用的抗病品种，一定要预先确认能抵抗当地的白粉病菌生理小种。

2. 栽培防病

越夏区早播田秋苗发病重，播量大、密度高、氮肥用量大、灌溉条件好的麦田发病也重。因此，在秋苗发病地区要推广精量、半精量播种技术，减少无效分蘖，降低群体密度，合理施用化肥，搞好氮、磷、钾配方施肥和科学灌溉。

3. 药剂防治

在河北、山东、河南、甘肃、陕西、山西等北方各省的小麦白粉病菌越夏区、越冬区、常年易发区，秋播时要利用三唑酮拌种，用药量为种子量的 0.03%（有效成分）。三唑酮拌种的持效期达 80～90d，可以降低秋苗发病率，推迟发病时间，减少春季流行的菌源数量，也可选用戊唑醇、苯醚甲环唑等安全性较好的药剂拌种。

在西南麦区和长江中下游麦区于 3 月下旬或 4 月上旬前后，在黄河流域于 4 月中旬前后，当病情达到防治指标，且小麦长势、天气状况等有利于发病时，要喷药防治。防治指标需根据当地白粉病流行实况确定，一般为病叶率达到 10%，也有学者提出返青拔节期病株率 15%，或病叶率 5%为防治指标（商鸿生和王凤葵，2015）。喷施三唑酮，用药量每亩 8～10g（有效成分），可兼治锈病、纹枯病等病害。常年喷药一次即可，大发生年还要在灌浆初期喷第二次药。

烯唑醇、戊唑醇、腈菌唑、氟硅唑等可作为三唑酮的替代品种或轮换品种。这些药剂用药量少、持效期长、防效较好。12.5%烯唑醇（禾果利）可湿性粉剂，每亩用制剂 35～50g，可兼治纹枯病、锈病等，但使用不当，易发生药害，造成抽穗困难，出现包颈现象。应严格控制用药量，采用正确的喷药方法。

长江流域也是赤霉病的重发生区，可施用适宜的混配制剂，兼治白粉病和赤霉病。33%多·酮可湿性粉剂（苏锐、纹霉净）含多菌灵 24%、三唑酮 9%，兼治白粉病、赤霉病、纹枯病、锈病等多种病害。用于拌麦种时，每 100kg 种子用制剂 200～300g（纯药 66～99g）；用于喷雾时，每亩用制剂 100～130g（纯药 30～40g）。36%多 · 酮悬浮剂（粉霉灵）每亩用 100～140g，加水 50kg 常量喷雾，或者加水 20kg 低量喷雾。30%硫 · 酮悬浮剂，由保护性杀菌剂硫黄和内吸性杀菌剂三唑酮复配而成，每亩用量 100～150ml，加水喷雾。

4.2.3　赤霉病的防治技术

赤霉病是小麦生产上的灾害性病害，其寄主范围很广，能侵染多种栽培作物，而且能够在多种作物的残体上存活。寄主植物主要有：小麦、大麦、青稞、燕麦、黑麦、水稻、玉米、马铃薯、甜菜、番茄、豆类、瓜类、茄子等，尤以小麦、玉米、水稻残体最适合其生长。小麦赤霉病不仅会造成小麦严重减产，更重要的是恶化籽粒品质，降低种用价值。赤霉病的流行具有暴发性和间歇性的特点，在防治上要采取以消灭菌源为前提、充分利用抗（耐）病品种和加强栽培管理措施的农业防治为基础，关键时期药剂防治为重点的综合防治措施。

1. 农业防治

（1）选用抗（耐）病品种。目前虽未找到赤霉病免疫品种，但品种间抗病性还是存在很大差异的，特别要选择抗扩展的品种。要选择株高适当、抽穗一致、穗层整齐、花药残留时间短、灌浆速度快等农艺性状良好的品种，如中原 6 号、周麦 27 号、徐麦 31、山农 22 号、衡 136、中麦 175、克春 4 号、石麦 22 号、舜麦 1718 等（石明旺，2013），各地可因地制宜地选用。

（2）栽培防治。播种时要精选种子，减少种子带菌率；播种量不宜过大；要控制氮肥施用量和使用时间；合理排灌，小麦扬花前后，要尽量避免浇水，必要时可浇小水，切忌大水漫灌，湿地要开沟排水；收获后要深耕灭茬，并喷洒杀菌药剂+新高脂膜 800 倍液处理土壤，不仅可以减少菌源，还能减少越冬虫源；清除田间稻麦桩、玉米秸秆等病残体；适时播种，避开扬花期遇雨；提倡施用酵素菌沤制的堆肥，采用配方施肥技术，合理施肥，忌偏施氮肥，提高植株抗病力；追肥不能过晚，追肥晚容易造成贪青晚熟，延长病菌侵染的时间和增加侵染机会，还能造成无效分蘖增多，加重流行。

2. 化学防治

（1）种子处理。用种子重量 0.2%的 50%多菌灵可湿性粉剂浸种 30min 晾干后播种，或用增产菌拌种，每亩用固体菌剂 100～150g 或液体菌剂 50ml 兑水喷洒种子拌匀，晾干后播种，或播种前用种农剂+新高脂膜 800 倍液拌种处理，能驱避地下病虫，隔离病毒感染，提高种子发芽率，避免和减轻病害的发生和流行。还可先用 25%食盐水漂洗，然后用 1%石灰水浸种。

（2）药剂防治。药剂防治是防治赤霉病的关键。由于气候条件不同，麦株抽穗扬花时期和快慢亦有不同，故施药日期、次数要根据当地气候变化和小麦生育期灵活掌握，首次施药应在齐穗开花期，以抓好首次施药保穗为重点。抽穗期间如果天气晴朗、温度高，麦子边抽穗边扬花，在始花期（扬花 10%～20%）施药最好。抽穗期如遇低温、日照少，麦子先抽穗后扬花，宜在始花期（扬花 10%）用药。抽穗期若遇到连阴雨，应在齐穗期用药，要抓住下雨间隙时机用药。

在始花期（扬花 10%～20%）喷洒 50%多菌灵可湿性粉剂 800 倍液，或 60%多菌灵盐酸盐（防霉宝）可湿性粉剂 1000 倍液，或 50%甲基硫菌灵（甲基托布津）可湿性粉剂 1000 倍液，或 45%三唑酮福美双可湿性粉剂 1000～1500 倍液，或 40%三唑酮多菌灵可湿性粉剂 1000～1500 倍液，或 50%多·霉威可湿性粉剂 800～1000 倍液，或 50%腐霉利可湿性粉剂 800～1000 倍液，或 70%甲基托布津可湿性粉剂 1000 倍液，或 25%戊唑醇乳油 1000 倍液喷雾，隔 5～7d 防治 1 次即可，也可用机动弥雾机喷药。此外，小麦生长的中后期，在赤霉病、麦蚜、黏虫混发区，每亩用 40%毒死蜱 30ml 或 10%抗蚜威 10g+80%多菌灵可湿性粉剂 70～90g+磷酸二氢钾 150g 或尿素、丰产素等，防效优异。喷药时期如遇阴雨连绵或时晴时雨，必须在雨前或雨停间隙露水干后抢时间喷药，喷药后遇雨可隔 5～7d 再喷 1 次，以提高防治效果；喷药时要重点对准小麦穗部，均匀喷雾（石明旺，2013）。

3. 赤霉病的危害及减轻毒性的方法

小麦赤霉病不仅会造成严重减产，还对麦粒的品质和种用价值影响严重。病麦的淀粉含量降低，还原糖含量增多，可溶性氮素含量及脂肪酸含量增加，用作种子不易发芽，一般比正常无病的种子发芽率低24%～65%，且发芽后幼苗发育不良，并增加病害初次侵染菌源量。病麦出粉率低，面粉质量差，色泽灰暗，面筋含量减少，商品价值降低，更重要的是病麦含有致病的镰刀菌代谢产物，含有致呕毒素及类雌性激素等对动、植物有害的毒物。赤霉病为害小麦后，可产生多种真菌毒素，其中以脱氧雪腐镰刀菌烯醇（DON）毒性最强，食用后会引起眩晕、发烧、恶心、呕吐、腹泻等急性中毒症状，严重时会出血，影响免疫能力和降低生育能力等，直接对人、畜健康和生命安全构成威胁。因此，国际上发达国家对小麦赤霉病的标准非常严格，一旦检出毒素DON，即不能食用，DON含量超过2mg/kg便不能作饲料。我国国家标准（GB 1351-86）中规定，小麦赤霉病病粒最大允许含量为4.0%，病粒超过4.0%的，是否收购，由省、自治区、直辖市决定。若鉴定出小麦赤霉病病粒可能超标，应采取水选、去皮、汰除、风扬、稀释等一切可行的手段清洗剔除赤霉病病粒，做好病麦处理及脱毒，充分晒干，分级入库，根据情况再决定作粮食、饲料或工业原料，将损失减少到最低限度，确保人畜安全。

小麦赤霉病病粒去毒处理方法主要有以下几种。

（1）水浸法。赤霉毒素稍溶于水，特别是在碱性水溶液中，故可用1∶3的清水或5%石灰水上层清液浸泡处理2次以上，每次约24h，然后晒干或烘干，此法可使病麦毒素含量减少80%以上。处理后的麦粒饲喂生猪，生长发育未发现异常。

（2）去皮法。根据试验，麦壳和糠灰两部分的致呕毒素含量占77%，说明毒素集中在病粒外层。通过机械碾轧可除去病麦粒外层（约占原重量35%），减少毒素含量，磨粉可食用（石明旺，2013）。

（3）汰除法。病粒较健粒质量轻，密度小，故可利用风筛、水选等方法予以分离。一般连续通过3次风车或扬场机连选两次，可将大部分病粒淘汰，或用 40%黄泥水，在相对密度为 1.16 的漂选泥水中放入鸡蛋，使其浮出水面，露出 5 分钱铝币大小面积，即符合要求，可将病粒大部分漂在水面。

（4）稀释法。采用正常麦粒与病粒搭配稀释，使供食用麦粒中病麦粒含量不得超过 4%。

4.2.4　雪霉叶枯病的防治技术

雪霉叶枯病最早于 20 世纪 60 年代发现于陕西省，以后在我国西北、西南、长江中下游以及黄淮麦区都有发生。在发病地区以药剂防治和栽培防治为主，应尽量选用轻病、耐病品种。无病区应使用健康种子，防止病害传入。在赤霉病和雪霉病混合发生地区，以防治赤霉病为主，兼治雪霉病。雪霉叶枯病的防治技术如下：

1. 药剂防治

有效药剂有 80%多菌灵微粉剂（每亩用药量 50g）、25%多菌灵可湿性粉剂（每亩用药量 200g）、70%甲基硫菌灵可湿性粉剂（每亩用药量 50～75g）、25%三唑酮可湿性粉剂（每亩用药量 40g）等。用手动或机动喷雾器，进行常量或低量喷雾，防治效果都较好（商鸿生和王凤葵，2015）。药剂防治的重点是低湿、高肥、密植田块，以保护上位叶片为主。重发、易发田齐穗期喷第 1 次药，7～10d 后喷第 2 次药。一般田块在旗叶发病率达 1%后喷第 1 次药，以后根据天气或发病情况，确定是否喷第 2 次药。三唑酮结合锈病防治，早期施药 1 次。

历年秋苗发病重的地区，除了搞好穗期防治、减少种子带菌外，还应播种无病种子或用上述杀菌剂处理种子，必要时在冬前和返青后喷药。

2. 栽培防治

由无病田留种，合理密植，适时、适量播种可减少发病。种植分蘖性强的矮秆品种时，特别要控制播种量。要增施基肥，氮、磷搭配，施足种肥，控制追肥。切忌速效氮肥施用过量、过晚。冬灌饱和的麦田，不再春灌，早春耙耱保墒。干旱年份若需春灌，也应避免连续灌溉和大水漫灌。

4.2.5 全蚀病的防治技术

全蚀病是小麦的重要土传病害，多分布在西北春麦区、北方冬麦区和长江中下游麦区。据不完全统计，我国已有18个省区发生了全蚀病。

无病区应严密防止传入，初发病区要采取扑灭措施，挖除病株，深翻倒土，改种非寄主作物，普遍发病区应以农业措施为基础，有重点地施用药剂，实行综合防治。小麦全蚀病的防治技术如下：

1. 严防传入

全蚀病已在我国多个省区发生，虽没有列入全国农业植物检疫性有害生物名单，但有部分省区已将小麦全蚀病菌列为补充检疫性有害生物。不由发病区调种，对调运的麦种实行检疫，严防传入。

2. 早期扑灭

在新发病区，田间零星发病时要及早扑灭。在发病期间要仔细进行田间检查，确定发病中心的位置，在麦收前用撒石灰的办法或其他标记方法，划出发病中心的范围，收获时将划定区段的麦茬留高，与无病区域明显区分。麦收以后，将划定区段内的根茬连同根系全都挖出烧毁，发病中心的土壤也要挖出，移走深埋。不得用病土垫圈、沤肥。病田改种非寄主作物。

3. 栽培防治

在已经普遍发病的地区，轮作是防治全蚀病最有效的措施，轮作方式应因地制宜。稻、麦两熟轮作，棉、麦两熟轮作，以及小麦与烟草、瓜菜、马铃薯、胡麻、甜菜等非禾本科作物轮作，效果都很好。

目前还没有抗全蚀病的小麦、大麦品种，在普遍发病区可推广种植耐病、轻病、抗寒耐旱、抗倒伏的丰产品种。

土壤表层病残体的残存量多，发病加重，因而小麦收获后需深耕细耙，翻埋病残体。深耕还要和增施有机肥结合，以培肥地力，增厚熟土层。

冬小麦适期晚播是防治全蚀病的措施之一。适期晚播能使种子萌发后处于较低温度，种子根被全蚀病菌侵染的概率减小。

合理施肥，增施有机肥和磷肥，保持氮、磷、钾平衡，能明显控病增产。若土壤肥力高，有机质含量较高，则氮肥施用量不宜超过磷肥用量。若土壤贫瘠、有机质含量低，磷肥施用量不宜超过氮肥用量。若土壤肥力中等，应氮、磷并重。磷肥用作基肥和种肥效果最好，追施速效磷肥最好在返青、拔节期进行。

4. 药剂防治

种子处理主要用三唑类药剂。15%三唑酮可湿性粉剂或 15%三唑醇（百坦）拌种剂，可用种子重量 0.3%（0.2%～0.4%）的药量干拌种子。20%三唑酮乳油 50ml 或 15%三唑酮可湿性粉剂 75～150g，兑水 2～3L，可喷拌麦种 50kg，已拌药种子在晾干后播种。也可用 25%丙环唑（敌力脱）乳油 120～160ml，拌 100kg 种子（张庆富等，2002）。三唑类杀菌剂用药量过高或土壤墒情较差时，会明显推迟和抑制种子萌发与出苗。为提高拌种的安全性，除了严格控制用药量外，还应保墒、造墒播种，也可加大播种量 10%。还可用戊唑醇、苯醚甲环唑、咯菌腈、硅噻菌胺等杀菌剂处理种子，防治全蚀病。2%戊唑醇（立克秀）湿拌种剂，每 10kg 小麦种子用药 10～15g（有效成分 0.2～0.3g）。将药剂称出后，加 150～200g 水和成糊状，再将种子倒入，充分搅拌，使种子都能均匀黏附药剂。拌好的种子在阴凉处晾干后即可播种。戊唑醇也是三唑类内吸杀菌剂，药害明显轻于三唑酮，但用药量也不可过高。已拌药种子播种深度以 3～5cm 为宜。

3%苯醚甲环唑（敌萎丹）悬浮种衣剂用药 100ml，加水 100～160ml，混拌均匀后，拌麦种 10kg 防效显著（商鸿生等，2004）。该剂为内吸性三唑杀菌剂，持效期长，对种苗无不良影响。

2.5%咯菌腈（适乐时）悬浮种衣剂 10～15ml，加水 150～250ml，混拌均匀后，拌麦种 10kg，堆闷 6～12h 后即可播种（商鸿生等，2004）。该剂为非内吸性苯吡咯类悬浮种衣剂，持效期长，不影响出苗。

12.5％硅噻菌胺（全蚀净）悬浮剂 20～40ml，加水 150～250ml，混拌均匀，拌麦种 10kg，堆闷 6～12h 后即可播。该剂防治效果优于三唑酮，且对小麦安全，无药害。

土壤处理可用 20％三唑酮乳油 0.4～0.5kg，加细沙土 30kg 制成药土，在整地前撒施。

病田在小麦秋苗期（3～4 叶期）和春季返青拔节期可各喷 1 次三唑酮。每亩的用药量为：15％三唑酮可湿性粉剂为 65～100g，25％三唑酮可湿性粉剂为 40～60g，20％三唑酮乳油为 50～70ml，12.5％硅噻菌胺（全蚀净）悬浮剂 20ml，12.5％烯唑醇乳油（禾果利）100～200g，均加水 50～60kg 稀释成药液，对准麦株茎基部喷雾（牛本永和赵国建，2008）。重病田施药可取下喷雾器喷片，顺垄用药液细小水流浇灌根部。灌根最好选择在晴天下午进行，灌根后 ld 内不要浇水。必要时在抽穗前再喷 1 次药。

4.2.6　线虫病的防治技术

线虫病是最早被人们认识、新中国成立后基本消灭的病害之一。小麦线虫病由小麦线虫引起。小麦整个生育期均可致害，尤以接近成熟时为害最明显。受害麦苗分蘖增多，株形矮小，叶鞘疏松，叶片皱缩、扭曲；孕穗后，茎秆肥肿、弯曲、节间缩短，剑叶因抽出困难而呈畸形。受害严重的不能抽穗，多数病株虽能抽穗，但病穗短，暗绿色，转黄较迟；有病小穗颖壳张开，颖内麦粒被虫瘿充替，虫瘿可见。虫瘿近球形，上部有钩壮凸起，开始呈油绿色，后变为黄褐色（韩学俭，2001）。小麦线虫病的具体防治技术如下：

1. 农业防治

用胶泥水、食盐水或清水选种，胶泥水浓度为 30％～40％，食盐水浓度为 20％。选种时，将种子盛在细密的箩筐内，放在胶泥水、食盐水或清水中，使水没过种子，边搅动边捞出浮在水面的虫瘿。用清水选种时，动作应迅速，以免影响效果。用食盐水选的种子宜用清水漂洗干净，与非寄主作物轮作两年。深翻土壤，将表土翻至40cm以下深度，可减轻病害的发生。

2. 温汤浸种

种子在54%的水中浸泡10min，可杀死轻度受害种子中的幼虫。

3. 药剂防治

在播种前用药对土壤消毒，防止线虫过早侵入土壤和根部。防治技术是：用3%阿维菌素或3%线虫净或3%米乐尔等颗粒剂，采用条施、沟施或穴施，每亩用上述药剂1～2kg；注意药害，施药后必须覆土再种植，不能使种子或作物根系直接接触药物（杨平华和杨毅，2006）。施药方法以开沟条施最佳，这样用药集中，既能有效保护根系免受药害，又能提高药效。

4.3　小麦虫害的防治技术

小麦是我国主要粮食作物之一，其产量和品质对我国经济建设以及人民生活都有很大的影响。然而，由于小麦的虫害种类多、分布广、危害大，每年都给小麦生产造成很大的损失。做好小麦虫害的防治工作，是确保小麦苗全、苗壮，夺取小麦丰产、丰收的重要保证。本节主要介绍麦蛾、麦秆蝇、吸浆虫、麦蚜、蛴螬、土蝗、东亚飞蝗、麦沟牙甲的危害情况及综合防治技术（柳申飞，2012）。

4.3.1　麦蛾的防治技术

麦蛾是主要的储粮害虫，全国各地均有分布。麦蛾在田间和仓储中都能繁殖为害，幼虫蛀食多种谷物的籽粒，小麦和稻谷受害最重，玉米、高粱次之。麦蛾的防治技术如下：

1. 贮藏期防治

（1）晒粮。可选择晴天摊晒粮食，一般厚3～5cm，每隔半小时翻动一次。当粮食温度升到50℃时，再连续保持4～6h，粮食温度越高，杀虫效果越好（许晓风，2006）。晒粮时需在场地四周距离粮食2m处喷洒敌敌畏等农药，防止害虫窜逃。

（2）低温冷冻除虫。多数贮粮害虫在0℃以下保持一定时间可被冻死。在北方冬季，当气温达到-10℃以下时，将贮粮摊开，一般7～10cm厚，经12h冷冻，即可杀死贮粮内的害虫（许晓风，2006）。如果达不到-10℃，冷冻的时间需延长。冷冻的粮食需趁冷密闭贮存。含水量在17%以下的种子粮和花生，不宜用冷冻法，其余各种粮食、油料都可采用此法。

（3）植物熏避除虫。将花椒、茴香或碾成粉末状的山苍子等，任取一种，装入纱布小袋中，每袋装12～13g，均匀埋入粮食中，一般每50kg粮食放2袋，可避害虫。

（4）药剂防治。磷化铝是一种高毒杀虫剂，按每片磷化铝熏蒸粮食150～200kg的比例，把磷化铝片剂散埋在粮垛里，再把粮垛封严。库内贮粮多时，按每平方米粮堆和空间用药4～5片，每处放数粒埋于粮面下50cm处和粮仓四周，投药后密闭，气温20℃时封闭熏蒸3～4d。

2. 田间防治

田间防治以杀卵和初孵化幼虫为主，应把其消灭在钻蛀之前。具体方法是，于当地麦蛾产卵盛期至卵孵高峰期，当每穗有卵2粒以上时，每亩喷50%辛硫磷乳油或40%氧化乐果乳油75ml或20%速灭杀丁乳油30ml，兑水50kg喷雾或兑水20kg用弥雾机弥雾效果明显。

4.3.2 麦秆蝇的防治技术

麦秆蝇属双翅目黄潜蝇科，俗称小麦钻心虫、麦蛆，是我国北方春麦区及华北平原中熟冬麦区的主要害虫之一，在内蒙古、华北及西北春麦区分布尤为广泛，在冬麦区分布也较普遍，并在局部地区为害严重。

麦秆蝇主要为害小麦，也为害大麦和黑麦以及一些禾本科和莎草科的杂草。麦秆蝇的防治技术如下：

1. 栽培防治

深翻土地，调节播期，冬麦适期晚播，春麦适期早播，合理密植；加强水肥管理，培育壮苗，使之生长整齐，减轻受害；适期收获，减少落粒；及时铲除田间自生麦苗和杂草，减少夏季虫源。

2. 选用避虫品种

常发区宜选用生育期较短，成熟较早，分蘖力强，叶片窄而多毛的品种。此类品种可躲避成虫产卵，且不利于幼虫存活。

3. 药剂防治

喷药防治的关键时期为越冬代成虫羽化始盛期至第一代卵孵化和幼虫入茎之前。冬麦区在 3 月中下旬，春麦区在 5 月上中旬开始调查成虫发生情况，每隔 2～3d 查一次，每次于上午 10 时前后在麦苗顶端扫网 200 次，当 200 网有成虫 2～3 头时，约在 15d 后即为越冬代成虫羽化盛期，是第一次施药适期（许晓风，2006）。冬麦区平均百网有虫 25 头时，即需防治。

喷雾常用 1.8%阿维菌素乳油 2500 倍液，36%克螨蝇乳油 1000～1500 倍液，10%吡虫啉可湿性粉剂 2500～3000 倍液，25%速灭威可湿性粉剂 600 倍液，40%乙酰甲胺磷乳油 2000 倍液，50%辛硫磷乳油 2000 倍液等。另外，还可将 50%敌敌畏乳油与 40%乐果乳油等量混用，即将两剂分别配成 0.1%的药液，等量混合后喷施，每亩用液量 50kg 左右，需现配现用，不能存放。

4.3.3 吸浆虫的防治技术

吸浆虫是一种毁灭性的害虫，对小麦的产量和质量影响非常大，它可使小麦常年减产 10%～20%，吸浆虫大发生的年份可造成小麦减产 40%～50%，严重者达 80%～90%。小麦吸浆虫的防治技术如下：

1. 种植抗虫品种

根据当地栽培条件，选用适合的抗虫丰产品种可有效减少吸浆虫的发生。已提出的避虫、抗虫因素甚多，包括抽穗与成虫盛期不同步，开花时间短，灌浆速度快，小穗排列紧密，颖壳坚硬、扣合紧密，颖壳缘毛长而密，蜡质层发达，籽实皮厚等，仅可供参考。抗虫品种需经鉴定确认，以田间实际抗虫效果为主要依据。

2. 栽培防治

在常发重发区，应调整作物布局，轮作倒茬，小麦可与油菜、马铃薯、豆类、棉花等非寄主作物轮作；实行连片深翻（20cm 深）；合理减少春灌，实行水地旱管，以防止春灌促进吸浆虫破茧上升；施足基肥，春季少施化肥，使麦株生长整齐健壮；联合收割机在跨区作业时，要及时清除干净各部件内遗留的小麦籽粒和麦株残体。

3. 保护天敌

小麦吸浆虫的天敌种类很多，特别是寄生蜂对吸浆虫种群变动有明显的调节作用，要慎用药剂，优先选用生物源农药或低毒农药，保护和利用自然天敌。

4. 药剂防治

可在蛹期与成虫期（小麦穗期）用药，成虫盛期防治最重要。应加强监测预警，准确掌握防治适期。

（1）蛹期防治。根据系统监测和大田普查结果，当每小方土样（10cm×10cm×20cm）有虫蛹 2 头以上时，应施用甲基异柳磷、辛硫磷毒土，杀灭蛹和上升土表的幼虫。每亩用 3%甲基异柳磷颗粒剂或 3%辛硫磷颗粒剂 3kg，掺细土 25kg 制成毒土，顺麦垄均匀撒施，撒后及时浇水，可提高药效。也可用 40%辛硫磷乳油或 48%毒死蜱乳油 150ml，兑水 2L 配成母液，拌细土 25～30kg，拌匀后撒施。

（2）成虫期防治。成虫期正值小麦抽穗期，要抓住小麦抽穗到扬花之间 1 周左右的有利防治时机。根据虫态发育进度调查，结合大面积普查，当害虫进入羽化高峰时，每 10 网复次捕到成虫 10～25 头，或用两手扒开麦垄，一眼能看到 2～3 头成虫时，即喷布有机磷或菊酯类农药。每亩用 40%毒死蜱乳油 50～75ml，或 2.5%溴氰菊酯乳油 25ml，或 4.5%高效氯氰菊酯乳油 40ml，皆加水 30～50L（手动喷雾器）或 15L（机动喷雾器），对准穗部均匀喷雾（方中达，1996）。重发生区要连续用药 2 次，间隔 3d。也可每亩用 80%敌敌畏乳油 80～100ml，加水 1～2L 稀释，后喷拌 20～25kg 麦麸或细土，在傍晚撒于田间，熏蒸杀虫。

4.3.4　麦蚜的防治技术

小麦蚜虫即麦蚜，俗称油虫、腻虫，是小麦的主要害虫之一，可对小麦进行刺吸危害，影响小麦光合作用及营养吸收、传导。蚜虫主要为害麦类和其他禾本科作物与杂草，若虫、成虫常大量群集在叶片、茎秆、穗部吸取汁液，被害处初呈黄色小斑，后为条斑，枯萎、整株变枯至死，麦蚜还能传播小麦黄矮病毒病。麦蚜的防治技术如下：

1. 农业防治

选择抗病耐蚜丰产品种；加强管理，适期播种，冬小麦适当晚播，春小麦要适时早播；清除田边杂草及自生麦，适期冬灌和早春划锄镇压，压低越冬虫源，减少冬春季麦蚜的繁殖基数；合理调整作物布局，保护利用天敌，实行小麦油菜、小麦绿肥间作种植，合理施肥浇水，及时浇越冬水、分蘖水、返青水和拔节水，浇返青水时要注意避开瓢虫产卵盛期，保护瓢虫卵和幼虫，严格掌握害虫防治指标和天敌利用指标，减轻对天敌的杀伤；秋收后及时灭茬并进行深耕多耙，消灭带毒蚜虫和飞虱。

2. 保护利用天敌

实行小麦油菜、小麦绿肥间作种植，增加天敌数量，并诱集天敌向麦田转移，必要时可人工繁殖释放或助迁天敌，使其有效地控制蚜虫。麦蚜的主要天敌有瓢虫、草蛉、食蚜蝽、蜘蛛、食蚜蝇、蚜茧蜂等类群。

麦长管蚜的优势天敌是食蚜蝇、龟纹瓢虫、麦蚜茧蜂和草间小黑蛛。对麦二叉蚜种群数量影响大的主要天敌是草间小黑蛛、龟纹瓢虫、食蚜蝇和蚜茧蜂。当天敌与麦蚜比在 1∶120 以下时，天敌控制麦蚜效果较好，不必进行化学防治；益害虫比在 1∶150 以上，但天敌呈明显上升趋势时，也可不用药防治（许晓风，2006）。

3. 化学防治

（1）种子处理。在小麦黄矮病流行区，进行种子处理可防病治蚜兼顾。可用种子重量 0.2%～0.4%的 75%甲拌磷乳油，加上种子重量 10%的清水稀释，将药剂喷洒在麦种上，喷后堆闷 6～12h，或 40%毒死蜱乳油 40～60ml+10%吡虫啉可湿性粉剂 200～400g 拌 100kg 种子，或 40%乙酰甲胺磷乳油 100ml 拌种 150～250kg，或用种子重量 0.8%的 35%丁硫克百威种子处理剂拌种，可兼治其他地下害虫。

（2）田间喷药。小麦苗期，田间蚜虫发生初期，每亩用 10%吡虫啉可湿性粉剂 30～40g，或 48%毒死蜱乳油 10～20ml，或 10%吡虫啉可湿性粉剂 20～30g+48%毒死蜱乳油 15～25ml，或 10%烯啶虫胺水剂 10～20ml，或 1.8%阿维菌素乳油 10～15ml，或 50%抗蚜威可湿性粉剂 5～8g，或 20%丁硫克百威乳油 60～80ml，或 15%阿维菌素·毒死蜱乳油 20～30ml，或 25%吡蚜酮可湿性粉剂 20～30g，兑水 40～50kg 均匀喷雾，间隔 7～10d，视虫情连喷 2～3 次。

小麦抽穗至灌浆期是防治麦蚜的关键时期。当百株（茎蚜）蚜量超过 500 头，天敌与蚜虫比在 1∶150 以下时，即需防治。每亩可用 2.5%顺反氯氰菊酯乳油 25g，或 20%杀灭菊酯乳油 70g，或 10%氟氰菊酯乳油 20g，或 25%吡蚜酮可湿性粉剂 20～30g，或 50%抗蚜威可湿性粉剂 8～10g，或 50%辟蚜雾可湿性粉剂 10～12g，或 10%吡虫啉可湿性粉剂 20～30g，或 3%啶虫脒乳油 50ml，或 25%氯氰菊酯·辛硫磷乳油 30～40ml，或 2%氰戊菊酯·吡虫啉乳油 30～50ml 等兑水喷雾，还可用尿洗合剂[尿素、洗衣粉和水之比为 1∶1∶（300～500）]喷雾，均具有较好的灭蚜效果（李光博，1990）。在穗期防治时，可将抗蚜威与三唑酮（粉锈宁）、灭幼脲等混用，每亩用粉锈宁 6g 和抗蚜威 6g 加灭幼脲 2g（三者均指有效成分）混用，一次施药兼治小麦锈病、白粉病和黏虫等，防效达 85%以上。

4.3.5　蛴螬的防治技术

蛴螬是鞘翅目金龟甲总科幼虫的总称，分布于全国各地。在我国小麦上为害严重的蛴螬种类有 4 种，它们都是重要的小麦地下害虫。蛴螬种类多，在同一地区同一地块，常为几种蛴螬混合发生，世代重叠，发生和危害时期很不一致，因此只有在普遍掌握虫情的基础上，根据蛴螬和成虫种类、密度、作物播种方式等，因地因时采取相应的综合防治措施，才能收到良好的防治效果。蛴螬的防治技术如下：

1. 农业措施

实行水、旱轮作；深翻地，直接、间接地消灭一部分成虫、幼虫；施用腐熟有机肥，避免使用未发酵厩肥；合理控制灌溉，促使蛴螬向土层深处转移，避开幼苗最易受害时期；定植后发现被害植株要及时挖出根际附近的幼虫。

2. 诱杀

利用黑光灯诱杀成虫，对黄褐金龟子等效果好；每亩地用 50%辛硫磷乳油 50～100g 拌谷子等饵料 3～4kg 撒于种沟中。

3. 药剂防治

（1）拌种。用 50%辛硫磷乳油与水和种子按 1∶30∶（400～500）的比例拌种。

（2）毒土。定植前每亩用 50%辛硫磷乳油 150ml，加水 3kg，加细沙土或炉渣 25kg，充分拌匀成药土，穴施或撒施土中，为避免药害建议在毒土上再覆一层土。

（3）灌根。出苗后如发现小麦受害，可选用 50%辛硫磷乳油 1000 倍液，或 40%乐果乳油 1000 倍液，或苏云金杆菌 100 亿活芽孢/g 可湿性粉剂 500 倍液，或 90%敌百虫可溶性粉剂 1000 倍液灌根，每株用药 0.2～0.25L。

4.3.6　土蝗的防治技术

防治土蝗需采取综合措施。当土蝗在每平方米 20 头以下的中低密度发生区、湖库水源区和自然保护区，应重点实施生态控制和生物防治；当土蝗密度在每平方米有 20 头以上的发生区，宜重点实施药剂应急防治（商鸿生和王凤葵，2015）。

农区土蝗发生区域要稳定水位，开垦荒地，植树造林，合理灌溉，改良盐碱地。要精耕细作，深翻土壤 25～30cm，细致耙耱，通过暴晒、机械杀伤或天敌捕杀来消灭虫卵，降低虫口密度。要及时清除农田四周、田埂地边和沟渠河堤的杂草，破坏蝗虫的生存环境。

生物防治措施主要是创造有利于蝗虫天敌生存繁殖的条件，保护和利用天敌，施用杀蝗绿僵菌、蝗虫微孢子虫等微生物农药和其他植物源农药。

药剂防治要掌握虫情，采取“挑治为主，普治为辅，巧治低龄”的防治策略。防治适期为 3 龄盛期，即将转向农田危害之前，防治指标为每平方米有土蝗 5～10 头。对大面积连片发生、虫口密度大的地块，要统一突击防治，严防其暴发成灾。荒坡草地土蝗比较密集，邻近的农田要首先在周围喷打 10～20m 宽的药剂封锁带，保护农田。

农药施用多采用地面超低量喷雾或低量喷雾，大面积应急防治采用飞机喷药。在缺乏水源的地方，可选用粉剂喷粉或施用毒饵，参见飞蝗的防治。虫口密度不大时，还可组织人工撒网捕杀。

4.3.7　飞蝗的防治技术

飞蝗是世界性大害虫。在我国有 3 个亚种，即东亚飞蝗、亚洲飞蝗和西藏飞蝗，以东亚飞蝗分布最广，危害最重。

防治飞蝗宜贯彻执行“改治并举、根除蝗患”的方针，采用农业生态控制和药物灭杀相结合的综合防治策略。生态控制主要用于改造蝗区，药剂防治主要针对高密度蝗区，应掌握有利时机，喷施化学农药和生物农药，将蝗蝻消灭在扩散之前。飞蝗的防治技术如下：

1. 改造蝗区

采取多种措施，改变蝗区生态条件，使蝗虫失去产卵的适生场所，消灭飞蝗滋生基地。主要措施包括兴修水利，疏通河道，稳定水位，排灌配套；开垦荒地，整田改土，防治土壤盐碱化；实施作物合理布局，因地制宜改种水稻、棉花、大豆、苜蓿、香花槐、冬枣等作物；植树造林，提高植被覆盖度，改变蝗区小气候。

2. 喷药防治

加强蝗区监测，掌握防治适期，夏蝗重治，秋蝗扫残。东亚飞蝗的防治适期为卵孵化盛期至蝗蝻 3 龄盛期，需将蝗蝻消灭在起飞之前。防治指标为每 $10m^2$ 5 头。

在高密度区和农田周边发生区，使用马拉硫磷等药剂进行地面或飞机喷雾，紧急控制蝗虫危害，确保农田安全。地面喷雾一般采用超低容量喷雾和低容量喷雾，飞机进行超低容量喷雾。

地面喷雾可用 45%马拉硫磷乳油、40%乐果乳油、40%氧化乐果乳油、40%甲基异柳磷乳油等有机磷杀虫剂，每亩用药 40～100g。菊酯类杀虫剂有 4.5%高效氯氰菊酯乳油、5%顺式氰戊菊酯（来福灵）乳油和 2.5%溴氰菊酯（敌杀死）乳油等，每亩用药 50g。还可用 25%氰·辛乳油（快杀灵），每亩用量 30～50ml，或 20%菊·马乳油 60～70ml。

飞机进行超低容量喷雾时，75%马拉硫磷油剂每亩用药量 75ml，90%马拉硫磷油剂每亩用量 60ml。

3. 毒饵诱杀

当药剂不足或植被稀疏时，用毒饵诱杀的效果较好。方法是将麦麸（或米糠、玉米、高粱碎粒、马粪等）100 份，清水 100 份，90%敌百虫或 40%乐果乳油 0.15 份混合拌匀，每亩施用 1～1.5kg（以干麦麸计）。也可以用蝗虫喜食的青草 100 份，切碎加水 30 份，按上述比例拌药，每亩用草 10kg（华南农业大学，1994）。毒饵要随拌随用，不宜过夜。阴雨，大风，气温过高、过低时不宜施用。

4. 生物防治

在中、低密度发生区，湖、库水源区和自然保护区，重点实施生物防治，创造有利于天敌繁衍生息的环境，保护利用鸟类、蛙类、狼蛛、步行甲等自然天敌，沿湖、河，或于草原蝗区牧养鸡、鸭、鹅等家禽，啄蝗灭蝗。还可施用杀蝗绿僵菌悬浮剂（500 亿/ml）、蝗虫微孢子虫制剂等微生物农药和 1%苦皮藤素乳油、0.5%苦参碱乳油等植物源农药。

4.3.8 麦沟牙甲的防治技术

麦沟牙甲又称耳垂五沟甲，属鞘翅目水龟虫科。麦沟甲虫的防治技术如下：

1. 栽培防治

合理轮作倒茬，避免小麦、水稻连年接茬种植，轮作油菜、玉米等作物两年以上，以恶化小麦沟牙甲的生存环境，减少自然虫源；合理施肥，有机肥腐熟后作基肥深施，苗期追施化肥，促进小麦早发、多分蘖，减轻受害；夏初插秧放水浆田时打捞水中漂浮物，捕杀成虫。

2. 药剂防治

（1）种子处理。选用 50%辛硫磷乳油或 40%甲基异柳磷乳油，取种子量 0.1%～0.2%的药剂，用种子量 10%的水稀释后均匀喷拌于种子上，堆闷 12h，待药液被种子充分吸收后播种。

（2）土壤处理。播种前每亩用 5%辛硫磷颗粒剂 2kg，拌细土 30～40kg，拌匀后开小沟施用。还可施用 1%辛硫磷颗粒剂，每亩用药 5kg，或 10%伏杀硫磷颗粒剂，每亩用药 1.5kg，在播种时随耧施用。

（3）药液灌根。发现受害苗的麦田，每亩用 50%辛硫磷乳油 0.5kg，兑水 750kg 灌根杀虫。

第 5 章　棉花病虫害防治技术

棉花是我国重要的经济作物，在国民经济中占有十分重要的地位。我国记载的棉花病害有 80 多种、虫害有 300 多种，多种复杂的病虫害严重影响了棉花的生产。我国地域辽阔，棉花生长发育和栽培技术、害虫优势种群和发生时间都有各自的特点。只有从农业生产的全局出发，以棉花的高产、优质、低成本为目标，贯彻“预防为主、综合防治”的植保工作方针，充分利用害虫与棉花、天敌与环境的关系，以农业防治为主，因地制宜地协调各种有效措施，特别是妥善解决好化学防治与生物防治之间的矛盾，充分发挥自然天敌的作用，才能安全、经济、简便地把病虫害控制在最低限度，确保棉花高产、优质、低成本（席敦芹，2010）。

5.1　棉花病虫害综合防治技术

5.1.1　棉花病害的综合防治技术

1. 主导措施

（1）加强检疫。加强检疫可以杜绝棉花枯黄萎病的传播和蔓延。

（2）合理使用抗病品种。在生产中，多种植抗病品种。

2. 辅助措施

（1）硫酸脱绒。此法可以消灭种子表面的病原菌。

（2）杀菌剂拌种。此法可以防止病原菌苗期侵染。

（3）加强中耕。中耕可以提高地温，促进根系生长，增强抗病性。

（4）合理施肥、灌水和化调。这样可以防止早衰，提高株势，增强抗病性。

3. 补救措施

（1）稻（麦）棉轮作、倒茬。轮作、倒茬可以减少土壤带菌。

（2）拔除病株，封闭土壤。拔除病株可以避免枯黄萎病的传播蔓延。

（3）推株并垄。推株并垄可以促进棉花吐絮，降低田间湿度，防治烂铃病。

5.1.2 棉花虫害的综合防治技术

1. 主导措施

（1）秋（冬）耕冬（春）灌。冬（春）灌可以恶化棉花害虫的越冬环境，降低越冬害虫基数。

（2）保护田边杂草。以草养害，放牧天敌，以害养益，合理适时采割，促益入田，以益控害。

（3）种植玉米诱杀带。利用棉铃虫成虫喜在玉米上产卵栖息和幼虫的自相残杀习性，结合人工操作集中力量捕杀幼虫和成虫。

（4）种植油菜诱集带。诱集蚜虫繁殖天敌，增益控害。

（5）放宽次要害虫的防治。保证棉黑蚜和棉长管蚜等次要害虫保持一定的群体数量，繁殖天敌，控制害虫的群体数量。

2. 辅助措施

（1）防治越冬棉蚜。在冬季保护地的蔬菜和花卉上，集中力量消灭越冬蚜源。

（2）黄板诱蚜。此法可以减少中心蚜株。

（3）防治越冬棉叶螨。在田边杂草上，喷施专用杀螨剂，防治越冬螨源。

（4）点片防治。此法可以防止棉蚜和棉叶螨的传播和蔓延。

（5）诱杀棉铃虫越冬成虫。利用各种诱杀手段，诱杀各代成虫。

（6）合理施肥、灌水和化调。这样可以提高棉株的抗虫性。

3. 补救措施

（1）防治棉蚜。气温偏高的年份，棉蚜一般发生较早，来势凶猛，繁殖速度极快，天敌群体数量上升相对较慢，棉蚜失控，并且很快遍及全田，此时可用莫合烟水或尿洗合剂或清水进行普防。

（2）防治棉叶螨。当棉叶螨大面积发生时单独施用杀螨剂或混配尿素、磷酸二氢钾，但不要混配久效磷，以免伤害天敌。

（3）防治棉铃虫。棉铃虫大发生的年份，在棉铃虫产卵的始盛期，全田普施核多角体病毒粉剂或 BT 乳剂，可以提高防效。

（4）保持田间湿度。棉蚜、棉铃虫、棉叶螨或其中二者复合为害时，保持田间湿度，促使蚜霉菌的流行，控制伏蚜，抑制棉叶螨和棉铃虫扩散和繁殖。

5.2　棉花病害的防治技术

近几年来，棉花种植由原来的沟灌模式改为现在的膜下滴灌技术。棉花栽培模式的改变导致相应种植技术的改变，而新技术的应用、土壤长期施肥引起的质地变化、一块地连年播同一品种、气候条件的异常等因素，均改变了棉花的生长环境，因此，棉花病害的发生规律也有所改变。棉花病害的综合防治，要从棉田生态系统出发，只有合理使用各种农业栽培措施，正确利用各类药剂的药效，才能减轻危害，进而达到增产的目的（孙瑞芳和刘宇，2011）。

5.2.1　炭疽病的防治技术

炭疽病在棉花苗期、成株期均可发病。苗期染病发芽后出苗前受害可造成烂种；出苗后茎基部发生红褐色绷裂条斑，扩展缢缩造成幼苗死亡。炭疽病在棉花各器官的发病症状见图 5-1。棉花炭疽病的防治措施如下：

1. 农业措施

（1）合理轮作，精细整地，提高播种质量。

（2）温汤浸种。用 3 份开水加 1 份凉水，按水与棉籽重量比 2.5∶1 的比例放入棉种，水温保持在 55～60℃浸泡 0.5h，捞出后晾干即可播种（许晓风，2006）。该法只能杀死种子上的病菌，防治炭疽病、红腐病效果较好。

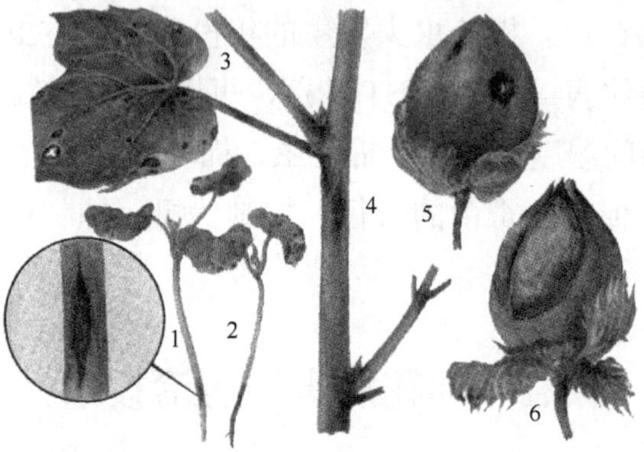

图 5-1　棉花炭疽病（https://baike.baidu.com/album/1595383/1595383）

1、2-病苗及病部放大；3-病苗后期；4-病茎；5-病铃前期；6-病铃后期

2. 药剂防治

可用种子量 0.8%～1%的 35%苗病净Ⅰ号，或种子量 1%的 37%棉花苗病灵，或种子量 1%的 20%苗保安Ⅱ号，或种子量 0.4%的 20%卫福，或种子量 0.5%的 20%稻脚青可湿性粉剂，或种子量 2%的 10%灵福，或种子量 0.6%的 50%甲基托布津可湿性粉剂，或种子量 1%的 40%五氯硝基苯粉剂，或种子量 0.5%的 40%五氯硝基苯粉剂加 40%福美双粉剂，进行药剂拌种（许晓风，2006）。

用苗菌敌或立枯净 800～1000 倍液灌根或喷雾，5%井冈霉素水剂 500～1000 倍液灌根，可得到很好的防治效果。也可用 50%多菌灵可湿性粉剂 800 倍液或 70%甲基托布津可湿性粉剂 1000 倍液、70%百菌清可湿性粉剂 800 倍液、70%代森锰锌可湿性粉剂 600～800 倍液、50%苯菌灵可湿性粉剂 1200～1500 倍液、25%炭特灵可湿性粉剂 500 倍液均匀喷雾，若将喷雾器喷头中的旋水片取出，对准根茎部喷浇，效果也很好。蕾铃期发病，建议用 50%多菌灵可湿性粉剂 800 倍液或 70%代森锰锌可湿性粉剂 800 倍液均匀喷雾。

5.2.2　立枯病的防治技术

棉苗病害种类多，往往混合发生，因此对棉花苗期病害防治应采取以农业防治为主，棉种处理与及时喷药防治为辅的综合防治措施。棉花立枯病的防治技术如下：

1. 棉种处理

播种前必须精选高质量棉种，经硫酸脱绒，消灭表面的各种病菌，汰除小籽、瘪粒、杂籽及虫蛀籽，再晒种 30～60h，以提高种子发芽率及发芽势，增强棉苗抗病力。

2. 加强耕作栽培管理

（1）合理轮作、深耕改土。轮作、深耕能减少土壤中病原菌积累，可减轻发病。

（2）适期播种、育苗移栽。在不误农时的前提下，适期播种，可减轻发病。

（3）施足基肥、合理追肥。棉田增施有机肥，促进棉苗健壮生长，提高抗病力，能抑制病原菌侵染棉苗。

（4）加强田间管理。出苗后应早中耕，一般在出苗 70%左右要进行中耕松土，以提高土温，降低土湿，使土壤疏松，通气良好，有利于棉苗根系发育，抑制根部发病。阴雨天多时，及时开沟排水防渍。加强治虫，及时间苗，将病苗、死苗集中烧毁，以减少田间病菌传染。

3. 药剂防治棉苗

在低温多雨情况下易发生多种病害，特别是寒流侵袭和长期阴雨连绵时会大量发生病苗、死苗。因此在寒流及阴雨前应及时喷药保护，一般在出苗 80%左右应进行喷药，以后根据病情决定喷药次数及药剂种类和浓度。常用药剂有 0.5%～10.25%等量式波尔多液。

5.2.3　黄萎病的防治技术

目前生产上推广的棉花品种大多数为感病品种和耐病品种，推广种植抗、耐病品种是防治棉花枯萎病、黄萎病最经济且最有效的措施。因此，棉花黄萎病的防治应采取以种植抗耐病品种为主的综合防治策略，加强并合理利用其他农业防治措施，将棉花黄萎病的发生危害控制在最低程度。棉花黄萎病症状见图 5-2。其防治技术如下：

图 5-2　棉花黄萎病症状（http://www.agronet.com.cn/News/1071991.html）

1. 严格执行植物检疫制度

从病区和病田收获的棉籽，不能做棉种，要经硫酸脱绒后使用。无病区严禁从病区调入棉种。种子管理要贯彻“四化一供”（品种布局区域化、种子生产专业化、种子加工机械化、种子质量标准化、以县为单位统一供种）的方针，不要随意大量调运棉种，在确有必要调、引棉种的情况下，种子部门应与植物检疫部门密切配合，履行种子调拨和检疫手续。对来自病区和未经热榨油的棉籽饼，不要做肥料施入棉田。

2. 农业防治

（1）实行轮作倒茬。黄萎病菌在土壤中存活年限虽相当长，但在改种水稻的淹水情况下较易死亡。采用棉花与小麦、玉米、水稻等作物轮作 2～3 年可有效防治黄萎病，尤以水旱轮作最好，但与豆科或茄科作物轮作换茬无效。多年的实践证明，棉花与水稻轮作 3 年，黄萎病防治效果达 99.7%～100%，但必须使用无病棉种（或用有效成分 0.3%多菌灵胶悬剂药液冷浸棉籽 14h 消毒处理），无病棉种要单收、单晒、单轧、单藏，严防混入带病种子。

（2）种植抗病品种。在当前抗黄萎病品种缺乏的情况下，应因地制宜地种植抗病性稳定的耐病品种，同时，还急需加速抗黄萎病品种的选育，挖掘国内抗源，引进国外抗源材料，采用多种途径选育抗黄萎病新品种。陆地棉中各品种对黄萎病的抗性差异也很显著，如 BD18、9456D、豫棉 19、辽棉 5 号等品种抗病性较好，中棉所 12、冀 668、33B 属耐病品种（崔金杰等，2004）。近年来我国的杂交棉育种发展很快，由于棉花杂交种的杂交优势显著、长势旺、抗逆力强，绝大多数杂交棉品种都属于耐病或接近抗病品种，如中棉所 29、鲁棉研 15 号、标杂 A2 等，抗黄萎病品种（品系）均具有显著的抗病增产效果。

5.2.4 枯萎病的防治技术

枯萎病一度是危害棉花生产最为严重的病害之一，被称为棉花的一种“癌症”。棉花枯萎病的发病症状见图 5-3。早在 1892 年，Hamsen 首次报道了在美国阿拉巴马州发现棉花枯萎病，随后该病逐渐向美国各地蔓延，随着时间的推移逐步扩散到世界各国。1934 年，黄方仁报道，在江苏南通发现棉花枯萎病，这是该病害在我国发生的首次报道。随着美国引入的斯字棉 4B 的推广种植，1935 年后该病害开始在我国蔓延。棉花枯萎病的防治技术如下：

图 5-3 棉花枯萎病症状（http://www.zhongdi168.com/dlj-info-9481.htm）

1. 选用抗、耐病品种

在枯萎病、黄萎病混合发生的地区，提倡选用兼抗枯萎病、黄萎病或耐病品种。

2. 实行大面积轮作

最好与禾本科作物轮作，提倡与水稻轮作，防病效果明显。

3. 认真检疫保护无病区

目前我国2/3左右的棉区尚无该病，因此要千方百计保护好无病区。无病区的棉种绝对不能从病区引调，严禁使用病区未经热榨的棉饼，防止枯萎病及黄萎病传入。提倡施用酵素菌沤制的堆肥或腐熟有机肥。

4. 铲除土壤中菌源、清除零星病株

将发病株率0.1%以下的病田定为零星病田。发现病株时，在棉花生育期或收获后拔棉秆以前，先把病株周围的病残株捡净，再把病株1m范围内土壤翻松后消毒。用50%棉降可湿性粉剂140g或棉隆原粉70g与翻松的土壤混拌均匀，然后浇水15～20L，使其渗入土中，再用干细土严密封闭；也可用含氮16%的农用氨水1份兑水9份，每平方米病土浇灌药液45L，10～15d后再把浇灌药液的土散开，避免残毒或药害（陆宴辉等，2010）。

5. 棉种及棉饼消毒

棉种经硫酸脱绒后用0.2%抗菌剂402药液，加温至55～60℃，温汤浸种30min或用0.63%的多菌灵胶悬剂在常温下浸种14h，晾干后播种（许晓风，2006）。用棉饼作肥料时，棉籽经60℃热炒4min或用100℃蒸汽蒸1～1.5min制成。

6. 连续清洁棉田

连年坚持清除病田的枯枝落叶和病残体，就地烧毁，可减少菌源。

5.2.5 早衰的防治技术

近些年来，全国棉花早衰面积越来越大，发病趋势逐年加重，严重危害棉花的产量和品质。通常，早衰引起棉花减产幅度为 15%～30%，严重的减产幅度高达 50%以上。棉花早衰已成为全国各棉区普遍发生且严重制约棉花生产的重要障碍之一，也是目前棉花生产中亟待解决的重要问题。棉花早衰症状见图 5-4。棉花早衰的具体防治技术如下：

图 5-4　棉花早衰症状（http://blog.sina.com.cn/s/blog_93d84c39010173gx.html）

1. 种植适宜的棉花品种

因地制宜种植抗病性好、抗逆性强、品质好、丰产性突出的棉花品种。育种单位应将抗早衰特性列入棉花育种的一项重要考核指标。中植棉 2 号、中植棉 6 号、33B、冀 958、标杂 A1、天杂 10 号、新陆早 33、新陆早 32 等，是抗早衰性强的棉花品种。

2. 完善病虫害监控和防治体系

对于虫害要做到早调查、早防治，力争将危害消灭在中心株或点片发生阶段，减少农药喷洒次数，保护天敌，创造良好生态环境。合理轮作倒茬，降低土壤中的病菌，降低病情指数，使重病田得到有效改善。

3. 坚持轮作倒茬，提高土壤肥力

要尽可能实行轮作倒茬，缩短棉花连作年限。增施有机肥，增加土壤有机质含量，改善土壤结构，增强土壤保水、保肥能力。

4. 平衡施肥

根据棉花需肥规律，施足基肥，增施有机肥，重施花铃肥，补施桃肥，合理使用微肥和叶面肥。

5. 化学调控培育理想株形

在化学调控过程中应遵循“早、轻、勤”的原则。生育期化学调控（简称化控）5 次，分别在 2～3 片叶、6～7 片叶、10～11 片叶、13～14 片叶和打顶后（许晓风，2006）。缩节胺用量可根据当时的苗情、气候等环境条件确定。合理的化控对棉花的生长既有促进作用，又有控制作用，可塑造理想的株型，使棉花正常稳健生长，增加新叶数量，促使棉花早结铃，增强植株生长势，防止棉花早衰。

6. 回收残膜

地膜覆盖栽培的棉田，应坚持最大限度地减少耕层残膜量。犁地前，采取机械和人力相结合的办法，回收残膜。犁地后结合平地、耕地再次回收残膜，使回收残膜率达到 90%以上，确保棉花生产可持续发展。

5.2.6 疫病的防治技术

疫病是土壤传染病害，又与多雨高湿的气候条件关系密切，因此，在疫病的多发区应采取药剂和农业措施相结合的综合治理方法来控制该病。

1. 农业防治

（1）与禾本科作物轮作，减少田间菌量。

（2）清洁田园，冬季深翻土地，高畦加强排水，撒施草木灰，实行麦棉套作或瓜葱间作，加强治虫及中耕措施。

（3）采取营养钵育苗或起垄播种，雨后及时开沟排水，降低田间湿度，加强治虫、及时中耕等栽培管理措施均可明显减轻病害，促进棉苗生育。

2. 药剂防治

用干棉籽重量 0.5%的苗病净、50%多菌灵可湿性粉剂拌种，或种子重量0.6%的50%甲基托布津可湿性粉剂拌种可防疫病(柏立新等,1992)。棉花出苗后若遇阴雨和寒流，可用 70%的代森锰锌可湿性粉剂 500～800 倍液或 25%甲霜灵可湿性粉剂 400～500 倍液、58%甲霜灵锰锌可湿性粉剂 800 倍液、40%乙膦铝可湿性粉剂 250～500 倍液、64%杀毒矾可湿性粉剂 600 倍液、72%克露可湿性粉剂 1000 倍液，于棉苗真叶初期（5 月上中旬）喷洒防治，并可与杀虫剂配合，病虫兼治。还可用 50%甲基托布津可湿性粉剂或 50%多菌灵可湿性粉剂、65%代森锰锌可湿性粉剂 500～800 倍液，于棉苗真叶初期（5 月上中旬）喷雾防治。对上述杀菌剂产生抗药性的棉区，可选用 69%安克锰锌 800～1000 倍液，喷雾防治。

5.2.7　角斑病的防治技术

1. 农业防治

（1）选用抗病品种是防治棉花角斑病的经济、有效途径。角斑病在我国广大棉区均有发生，在华南棉区和新疆棉区发生较重。我国目前的棉花抗病育种着重于抗枯萎病、黄萎病新品种的选育。美国在生产上曾推广种植过 14 个抗角斑病的品种，而且已发现有些抗角斑病的基因型与抗虫性和抗铃病相关，正在建立以抗角斑病为中心的复合抗性群计划，试图选育多种抗性的棉花品种。

（2）科学管理棉田。苗期发病重的棉田，要早间苗，晚定苗，及时剔除病苗。集中焚烧病株残体，避免将其留在田间或带入棉田。要合理施肥，增施有机肥和磷、钾肥，重病田实施轮作或深翻，合理灌溉，及时开沟排水。多雨年份要抓紧中耕放墒培土，有防止病株茎折倒及减轻危害的作用。

2. 药剂防治

（1）棉种消毒处理。种子经硫酸脱绒和消毒处理可以消灭种子短绒上携带的角斑病菌和其他病原菌，还可提高种子质量和促进种子发芽。50～60℃的热水浸种半小时对消灭棉籽内部的角斑病菌具有一定的效果；也可采用10%的萎锈散、0.5%的三氯酚酮等拌种或进行种衣剂包衣处理，对棉花角斑病均有一定的防治效果。

（2）棉田喷药保护。苗期可于发病初期喷洒0.5%等量式波尔多液进行保护，也可采用50mg/kg链霉素和土霉素的合剂与0.25%的氧氯化铜混用或72%农用硫酸链霉素3000～4000倍液，从播种后40～50d起，每2周喷1次，连续喷药3次。用20%萎锈灵可湿性粉剂1000倍液或65%代森锌可湿性粉剂600倍液、炭疽福美800倍液均匀喷雾，也可获得良好的防治效果（崔金杰等，2004）。

5.3　棉花虫害的防治技术

棉花生育期常遭受多种害虫的危害。我国棉田害虫有300多种，主要害虫有30多种，常年造成危害的害虫有10多种。害虫常造成棉花损失10%～15%，严重年份损失高达30%以上。通过采取综合防治措施控制棉花害虫的危害，每年可以挽回皮棉损失60多万t。随着科学技术的进步，防治害虫的手段不断改进提高，但是耕作制度、种植方式等的变化，使害虫的优势种也在发生变化，并不断适应新的环境，同时一些重大害虫仍在频繁发生，某些次要害虫上升为主要害虫，严重影响棉花的产量和品质。因此，加强棉花害虫的综合防治，对于保障我国棉花生产的持续、稳定发展意义重大（崔金杰等，2007）。

5.3.1　棉盲蝽的防治技术

棉盲蝽是为害棉花的各种盲蝽的总称。长期以来，防治棉铃虫大量施用的化学农药有效兼治了棉盲蝽，在我国大部分棉区这类害虫发生较轻，处于次要害虫地位。近年来，随着黄河流域和长江流域棉区Bt棉花的大面积种植，棉盲蝽种群发生数量剧增，目前已上升为上述两大棉区的主要害虫。在新疆内陆棉区，棉盲蝽也呈现出为害加重的趋势。

棉盲蝽的防治策略包括以下几点：一是开展统防统治。棉盲蝽成虫具有直接的危害性、较强的飞行扩散能力和在寄主植物和作物田块间转移的能力，局部地块的防治对棉盲蝽区域性种群控制影响不大，需采取大面积同步进行的统防统治。二是铲除早春虫源。越冬期和早春寄主阶段是棉盲蝽年生活史最薄弱的环节，控制棉盲蝽越冬和早春虫源，是降低棉盲蝽发生程度的重要手段。三是狠治迁入成虫。棉盲蝽具有较强的繁殖能力，卵小且产在植物组织中，待发现若虫为害时，往往已失去防治适期。成虫刚刚迁入寄主作物田是防治的最佳阶段，防治入侵的成虫可以达到事半功倍的效果。

1. 农业防治

合理间套轮作，减少越冬虫源；冬季清除苜蓿残茬和蒿类杂草，消灭其上的越冬卵，压低越冬基数；春季在苜蓿、苕子及胡萝卜留种地等盲蝽集中的场所，待越冬卵孵化结束时喷药防治。

2. 灯光诱杀

在成虫高峰期于夜晚点灯诱杀成虫，以双色灯效果好，面积大时效果更好。

3. 药剂防治

生产上采用的防治指标为 2 代（苗、蕾期）棉盲蝽分布达百株 5 头，或棉株新被害株率 2%～3%；3 代（蕾、花期）棉盲蝽分布达百株有虫 10 头，或被害株率 5%～8%；4 代（花、铃期）棉盲蝽分布达百株虫量 20 头（马存和戴小枫，1998）。目前，常用的棉盲蝽药剂防治措施有 5 种，即滴心、涂茎（茎秆）、熏杀、喷粉和喷雾。

（1）滴心、涂茎。在棉花苗期、现蕾期，选用 40%乐果乳油等内吸性较强的药剂 200 倍液滴心，或按 1∶（3～4）的比例与机油混匀后涂茎。这种方法对早期棉盲蝽有着很好的控制作用，是一种比较理想的预防措施。

（2）熏杀。对于棉花苗床，可以通过熏杀来防治棉盲蝽。每亩使用50%敌敌畏乳油 50～75g，兑水 0.75～1L，拌细土 25kg，于傍晚盖膜前撒入苗床，对 2～4 龄若虫防效可达 98.5%～100%（许晓风，2006）。也可以在苗床挂一个蚕豆大小的敌敌畏棉球熏蒸，从第一次苗床揭膜通风时开始使用，2～3d 换一次，连续换 3～4 次，即可控制苗床“无头苗”的产生。

（3）喷雾。当前，棉盲蝽对化学农药的抗药性水平还很低，因此化学防治的关键在于掌握确切的防治时间。喷雾防治棉盲蝽的适期为 2～3 龄若虫高峰期。每亩用 5%丁烯氟虫腈乳油 30～50ml，或 10%联苯菊酯乳油 30～40ml、35%硫丹乳油 60～80ml、40%灭多威可溶性粉剂 35～50g、45%马拉硫磷乳油 70～80ml、40%毒死蜱乳油 60～80ml，兑水 50～60L 喷雾，效果显著（湖北省农业科学院植物保护研究所，1980）。

棉盲蝽喜潮湿，连续降雨后田间常出现种群数量剧增、为害加重的现象。因此，在雨水多的季节，应及时抢晴防治，以免延误最佳防治时机。药剂喷雾时一些成虫受惊起飞，但因机动弥雾机的喷药幅度大，成虫不易逃避药雾的沾染，防治效果好。用小型手动喷雾器时，可用几架喷雾机一起作业，由作物田四周向内包围喷洒药剂，效果较好。

5.3.2 棉铃虫的防治技术

棉铃虫是一种世界性的重大害虫。根据棉铃虫发生为害的特点，南北棉区的防治策略不尽相同。北方棉区越冬基数高，第二、三代为害重，棉田外虫量大，应狠抓第二代，严控第三代。南方棉区越冬基数低，第一、二代虫口密度较低，第三代为害上升，第四代为害严重，因此，应注意第一代，挑治第二代，狠抓第三代，控制第四代，结合农事操作压低越冬代虫口数量。近年来，转 Bt 基因棉花在我国迅速推广，有效地控制了棉铃虫的为害。棉铃虫的防治技术如下：

1. 种植转 Bt 基因棉花种

种植抗虫棉能有效地控制棉铃虫的为害。经反复试验观察，1～2 龄棉铃虫幼虫在吞食转基因抗虫棉棉叶针头般大小后，12～24h 就会中毒死亡；3～4 龄幼虫吞食转基因抗虫棉后，2～3d 即中毒死亡；5～6 龄棉铃虫吞食转基因抗虫棉后，出现活动停止、腹泻，多数幼虫也会死亡，即使少数幼虫能够化蛹，也会形成畸形蛹和坏死蛹，最终难以完成世代发育（华南农业大学，2001）。种植转基因抗虫棉可减少农药用量 60%～80%，第二代棉铃虫发生期可基本不用化学农药防治，第三、四代棉铃虫发生期，转基因棉花的抗性下降，百株棉铃虫低龄幼虫达 13～15 头时，应进行化学防治。

2. 农业防治

冬春深耕、灌水可以消灭土中大量越冬蛹。5 月清除杂草可消灭一部分第一代卵与幼虫，7 月中旬中耕可杀死一些第二代蛹，减轻下代为害；种植早熟品种，部分棉铃虫幼虫断食死亡，相应减少下一代成虫数量；棉铃虫产卵期，结合打顶尖、摘边心，消灭嫩头、小叶上的棉铃虫卵；利用杨树枝把黑光灯连成片诱蛾，可明显降低卵量。

3. 生物防治

在卵高峰期至幼虫孵化盛期，喷施每毫升含伴孢晶体 100 亿的 Bt 乳剂 100 倍或 200 倍药液，第二天的防治效果可达到 75%和 58.8%；在卵高峰期喷施棉铃虫核多角体病毒（NPV）500～800 倍药液，防治效果可达到 70%以上（张慧珍，2010）。

4. 药剂防治

第二代棉铃虫的防治指标为百株棉铃虫卵 150～200 粒，或百株低龄幼虫 15～20 头；第三代棉铃虫的防治指标为百株棉铃虫卵 100～150 粒，或百株幼虫 10 头。卵孵化高峰期喷施 2.5%抑太保、卡死克乳油 1000 倍液，棉铃虫幼虫高峰期可以喷施久效磷、灭多威、丙溴磷、高氯辛、辛硫磷、菜喜等 1000～1500 倍液，均能有效防治棉铃虫的为害（崔金杰等，2004）。

5.3.3 棉叶蝉的防治技术

棉叶蝉广泛分布于我国各棉区，在黄河流域棉区发生危害严重。棉叶蝉寄主范围很广，可为害棉花、茄子、烟草、番茄、葡萄、秋菊和野苋等 31 科 77 种植物，其中最喜欢为害的是棉花和茄子。棉叶蝉的防治技术如下：

1. 农业防治

冬春季铲除田边地头杂草，减少越冬虫源；种植叶片多毛、毛长的抗虫品种。

2. 药剂防治

加强虫情监测，适时防治。6～8 月棉叶蝉为害盛期，也是棉铃虫、伏蚜、棉叶螨等害虫为害的时期，可以喷施药剂兼治，可选用 90%敌百虫、2.5%敌杀死或 40%丙溴磷等 1500 倍液喷雾，也可选用 2%叶蝉散粉剂或 5%西维因粉剂，每亩 2～2.5kg 喷粉。由于这些药剂对产在植物组织内的卵无杀伤作用，故施药后 3.5d 应再施一次药。

5.3.4 地老虎的防治技术

地老虎为鳞翅目夜蛾科害虫。防治技术如下：

1. 农业防治

播种前清除田内外杂草，将杂草沤肥或烧毁，或在田埂上铲埂除蛹。在有苗期浇水习惯的地区，可结合苗期浇水淹杀部分幼虫。

2. 生物防治

天敌对地老虎的发生有明显的抑制作用，已知的捕食性天敌有中华广肩步甲，寄生性天敌有甘蓝夜蛾拟瘦姬蜂、夜蛾瘦姬蜂、螟蛉绒茧蜂及寄生蝇、寄生菌等，应注意保护和利用。

3. 物理防治

成虫发生期用频振式杀虫灯、黑光灯、杨树枝把、新鲜的桐树叶和糖醋液（糖∶醋∶酒∶水=6∶3∶1∶10）等方法，诱杀地老虎成虫（管致和，1995）。

4. 化学防治

地老虎幼虫发生期，用 90%敌百虫晶体 100g 兑水 1L 混匀后，喷拌在 5kg 炒香的麦麸上，或喷拌在砸碎炒香的棉籽饼上或铡碎的青鲜草上，配制成毒饵，在傍晚顺垄撒施在棉苗附近，可诱杀幼虫。

防治适期和防治指标可根据当地具体情况，分别按照田间卵孵化率 80%左右、幼虫 2 龄盛期或棉田平均每平方米有虫或卵 0.5 头（粒）、新被害株 5%左右、百株有虫 2～3 头，作为防治指标。防治地老虎的关键是在 3 龄幼虫以前，因为此时幼虫昼夜在地面以上活动，食量小，对药剂敏感；3 龄后幼虫昼伏夜出，食量增大，抗药力增强。推荐在低龄幼虫发生期，用 90%敌百虫晶体 1000 倍液，或 40%辛硫磷乳油 1500 倍液，20%氰戊菊酯乳油 1500～2000 倍液，喷雾防治，注意辛硫磷浓度不能低于 1000 倍，以免产生药害。

5.3.5 棉蚜的防治技术

棉蚜属同翅目蚜科害虫，别名蜜虫、腻虫、油汗等。棉蚜的防治技术如下：

1. 农业防治

将棉花与小麦套作，利用小麦蚜虫招引天敌。小麦熟后麦蚜天敌转移到棉苗上控制棉蚜，在苗蚜发生期一般不施药就可控制其为害。抗虫棉在伏蚜发生期基本上不用化学农药，利用田间天敌可基本控制伏蚜。棉田插种高粱，利用高粱蚜虫招引天敌，可以有效控制棉田伏蚜。

2. 生物防治

棉蚜天敌种类丰富，其中瓢虫、草蛉、蜘蛛的控制作用较大。施药时应采取隐蔽用药方法，并选择对天敌杀伤作用小的药剂品种，以有效保护天敌。

3. 化学防治

苗蚜在 3 叶期以前的防治指标是卷叶株率 20%，3 叶期以后是卷叶株率 30%～40%。伏蚜的防治指标是平均单株顶部、中部、下部 3 叶蚜量 150～200 头。

用棉花种衣剂包衣（具体用量和用法见各种种衣剂使用说明书），或 10%吡虫啉可湿性粉剂 500～600g，拌棉种 100kg 防治苗蚜。种子未做处理的，在苗蚜或伏蚜达到防治指标时，每亩用 10%吡虫啉可湿性粉剂 10～20g，或 20%啶虫脒 2～3g、20%丁硫克百威乳油 30～45g，兑水 40L 左右喷雾，如蚜虫发生量较大，10d 左右再喷 1 次（陆宴辉等，2010）。

5.3.6 甜菜夜蛾的防治技术

甜菜夜蛾又名贪夜蛾、玉米小夜蛾，属鳞翅目夜蛾科。在发生偏重年份，需进行药剂防治。

1. 农业防治

加强田间管理，及时除草，特别注意铲除藜科、蓼科和苋科杂草，以减少甜菜夜蛾成虫的产卵、栖息场所；春冬翻耕土地、冬灌，以减少越冬存活基数；根据其产卵和低龄幼虫群集为害习性，人工摘除卵块和捉虫，能有效防治其扩散为害。

2. 灯光诱杀用

使用黑光灯诱杀成虫。

3. 生物防治

保护天敌，发挥天敌控害作用；使用生物农药如甜菜夜蛾核多角体病毒或白僵菌制剂等防治幼虫；用杨树枝诱杀成虫。

4. 药剂防治

40.7%乐斯本乳油加 10%杀灭菊酯乳油配成 20.4∶1 的混合剂，50%辛硫磷 1000 倍液与 90%晶体敌百虫 1500 倍液混配，25%杀虫双与 25%灭幼脲 3 号混配，辛硫磷与氰戊菊酯混配等防治甜菜夜蛾低龄幼虫，防效均较好。使用昆虫生长调节剂，如 5%定克隆（IKI-7899 抑太保）6000 倍液，5%卡死克（英国壳牌公司）6000 倍液，防效均佳，但药效较慢（崔金杰等，2004）。

5.4　棉花的营养缺乏症及药害

5.4.1　棉花缺氮症

1. 氮在棉花生长发育中的作用

氮是棉花生长发育的基本物质，是蛋白质、核酸的主要成分。氮能促进叶片及茎籽的生长，增强光合作用和新陈代谢。

2. 棉花缺氮的表现

幼苗叶片呈苍白的淡黄绿色，随着植株的生长而变为黄色，叶片变黄从下部叶到上部叶。以后常呈不同色度的红色，最终形成褐色，叶片干枯，过早地脱落。由于主茎（初生茎）的生长在早期受到抑制，植株矮小，发育迟缓。植株上的叶片数量、叶枝减少，果枝少而短，中上部棉铃形成受到影响，籽棉品质低。

棉花缺氧症状易表现于幼苗期、花铃期。底肥少用尿素等氮肥，且苗期对氮的需求比例较高，因此苗期、蕾期的缺氧症状表现较为突出。

3. 防治技术

在施用腐熟有机肥的基础上，每亩施尿素 10～15kg 或碳铵 25～35kg 可防止棉花缺氮（崔金杰等，2004）。在棉花生长期间，棉田出现叶色变淡发黄、生长势弱等不良现象时，要及时追肥或喷施叶面肥，特别是在棉花需肥量最大的花铃期，要提前重施花铃肥。

5.4.2 棉花缺磷症

1. 磷在棉花生长发育中的作用

磷是核酸、磷脂、三磷酸腺苷等高能化合物的重要组成成分。磷能促进棉株体内养分的转化、积累、运输，加速细胞的分裂。在棉株生育前期，磷能促进根系的发育、幼苗的生长和氮代谢；在棉花生育中期，磷能促进营养生长向生殖生长转变，使之早熟，加速开花；在棉花生育后期，磷能促进棉籽成熟，提高棉籽含油量，增加铃重，提早吐絮。磷还能增强棉株的抗旱性和抗寒性。

2. 棉花缺磷的表现

棉花幼苗缺磷时，其株高比正常的棉株明显矮小，叶片较小，叶色暗绿。缺磷较严重时，下部叶片出现紫红色斑块，导致植株生长发育迟缓，且叶片较小，植株茎秆细、脆弱，较正常植株矮小，根系生长量降低，蕾、铃易脱落，结铃和成熟都延迟，成铃少、棉铃开裂，吐絮不良，产量低、品质差。

3. 防治技术

增加有机肥做基肥是增施磷肥的主要方式，在生长前期追肥时也应注意磷肥用量，每亩施过磷酸钙 30～40kg。棉田有缺磷症状时，应及时追施磷肥，也可叶面喷施 1%～1.5%的磷酸二氢钾溶液（崔金杰等，2004）。

5.4.3 棉花缺钾症

1. 钾在棉花生长发育中的作用

钾是棉株体内碳水化合物、蛋白质代谢中几种酶的活化剂，能促进棉株输导组织和机械组织正常发育，使茎秆坚韧，不易倒伏。钾还对棉株的抗旱、抗寒及抗高温的能力有增强作用。

2. 棉花缺钾的表现

苗期、蕾期缺钾，生长显著延迟，叶缘向上或向下卷起，叶脉间出现明显的褐色、红褐色小斑点，通常是中、上部叶片的叶尖、叶边缘发黄，进而叶肉呈斑块状失绿、发黄、变褐色、变焦枯，叶片逐渐枯死脱落，落叶早。蕾期棉田长势弱、棉铃萎缩，成熟推迟。花铃期缺钾，棉株中上部叶片从叶尖、叶缘开始，叶肉失绿而变白、变黄、变褐，继而呈现褐色、红色、橘红色坏死斑块，并发展到全叶，通常称之为红叶茎枯病、凋枯病。棉花早衰、红叶茎枯病、凋枯病、枯黄萎病的发生，都与缺钾有关。

3. 防治技术

在大多数棉田增施钾肥能提高产量，用有机肥做底肥也是增加钾肥的有效措施。钾肥应与氮、磷肥配合施用，才能发挥其抗灾、防病、提高产量的作用。底肥每亩应施硫酸钾或氯化钾 15～20kg，或撒草木灰 100kg。当田间缺钾时，应及时追施钾肥或叶面喷施钾肥。钾肥以苗期、蕾期施用效果好。当土壤速效钾含量为 100～150μg/kg 时，底肥每亩施钾肥 5kg 以上；当土壤速效钾含量为 50～100μg/kg 时，底肥每亩施钾肥 10kg 以上。铃期追施草木灰和人粪尿也是补钾的好措施。棉花生长期出现缺钾症状时要补施叶面肥，如 1%～1.5%磷酸二氢钾或硫酸钾加尿素，每隔 5～7d 喷 1 次，连续喷 3～5 次，下午 4 时后喷施效果好（中国农业科学院棉花研究所，1983）。

5.4.4 棉花缺镁症

1. 镁在棉花生长发育中的作用

镁与光合作用有关，表现为镁是叶绿素的主要成分之一。镁可以促进棉花对二氧化碳的同化作用，促进代谢，对幼嫩组织的发育和种子的成熟影响较大。

2. 棉花缺镁的表现

棉花缺镁的症状有老叶叶脉间失绿，网状脉纹清晰，以后出现紫色斑块甚至全叶变红，叶脉保持绿色，呈红叶绿脉状，下部叶脱落早。

3. 防治技术

用圈肥、堆肥、绿肥、河泥、饼肥等做基肥，及时追肥，做到氮、磷、钾配合施用；在缺素症状出现时，及时追施或喷施微肥；用0.1%～0.2%的硫酸镁溶液进行叶面喷雾，连喷2次（陈军勇，2005）。

5.4.5 棉花药害

1. 棉花药害概述

棉花在整个生长发育过程中，遭受病、虫、杂草危害较多。生产上用药频繁，免不了产生药害。凡药剂对作物生长发育产生不良后果的现象，均称为药害。例如，施用敌敌畏、除草醚等不当，易引发触杀性类型的药害。产生敌敌畏药害时，叶肉先变紫色，后变鲜红色或浅黄色，叶脉保持绿色，后叶脉也变黄；波尔多液药害为叶片上产生大小不等的焦枯斑、硬化、早落，植株萎缩；石硫合剂药害为叶片、铃壳产生灼伤块，叶片易干枯脱落。施用2,4-D、二甲四氯等除草剂常产生内吸性类型的药害，又称慢性型药害，用药后较长时间才表现出植株矮化、畸形、叶肉增厚、叶色浓绿、叶片皱缩等，严重时侧枝丛生，生长点坏死。棉花受2,4-D药害后，叶片呈鸡爪状，变小变窄。氟乐灵施用过量造成的药害会导致棉花主根形成肿瘤等。矮壮素施用浓度过大，也能产生类似的症状。花期用药常影响授粉，造成子房不孕或产生落花、落蕾。

2. 补救措施

一旦产生药害，完全克服已经不可能，可采取一些补救措施减轻药害。

（1）清水喷淋受害叶片。植物受药害后，立即用干净的喷雾器装入清水，对准受药害植株喷洒3～5次，可清除或减少作物上残留的药剂。

（2）安全剂中和解毒。对于一些遇碱性物质易分解失效的药剂可用0.2%生石灰或 0.2%碳酸钠清水稀释液喷洗作物，效果好（李梅花等，

2005）。

（3）土壤灌水、排水洗药。对药害连片的田块，除进行叶面喷水冲洗外，还应足量灌水，促使根系大量吸水，以降低作物体内药液浓度，缓解药害。

（4）喷施植物生长调节剂。每亩用云大-120 25～30ml，兑水稀释 100 倍，或用 15ml 的植物动力加清水稀释 1000 倍或绿风-95 加清水稀释 500 倍，在上午露水干后或于傍晚用喷雾器喷在棉花叶片的正面和反面，可收到“起死回生”的效果（马存和戴小枫，1998）。

（5）追施速效肥料。依照作物生长季节和对肥料的需要，适当增加肥量，结合浇水追施速效肥。除此之外，还要叶面喷洒 1%～2%尿素溶液或 0.3%磷酸二氢钾溶液，对促进作物生长、提高作物抗药害能力有显著效果。

（6）加强中耕松土。根据作物的生长季节，适当增加中耕次数。中耕由浅到深，可以增强土壤的透气性，提高地温，促进有益微生物活动，加快土壤养分的分解，增强根系对养分和水分的吸收能力，使植株尽快恢复生长发育。

第6章　蔬菜病虫害防治技术

近年来，蔬菜种类的增加和保护地面积的扩大，为病虫害的发生提供了良好的生存和越冬条件，造成病虫害的发生面积逐年扩大，危害程度不断加重，情况越来越复杂。当前常发生的病害有霜霉病、菌核病、灰霉病、炭疽病、疫病和枯萎病等，虫害有菜青虫、小菜蛾、甜菜夜蛾、棉铃虫和美洲斑潜蝇等，一些生理性病害和杂草也给蔬菜生产造成很大损失。本章主要阐述蔬菜病害与蔬菜虫害、蔬菜病虫害综合防治原理与技术，以及蔬菜主要病害与虫害防治技术。

6.1　蔬菜病害与蔬菜虫害

6.1.1　蔬菜病害

蔬菜在生长、发育、贮藏、运输过程中，由于受不良环境的影响或病原微生物、线虫等有害微生物的侵染，其生理、组织结构和形态上会发生一系列变化，导致蔬菜局部或全部损伤，从而使蔬菜的经济价值受到影响。蔬菜病害有侵染性病害和非侵染性病害2种。

1. 侵染性病害

由病原生物侵染引起的病害称侵染性病害。危害植物的病原生物有真菌、细菌、病毒、类菌原体、线虫和寄生性种子植物等。各类病原生物有许多种、变种、生理小种或株系。在蔬菜上，以真菌性病害最为普遍；病毒性和细菌性病害相对少些，但防治难度较大；线虫很小，需要用显微镜才能看清，故归入病害描述。

2. 非侵染性病害

因栽培条件不当导致生理失调而引起的症状，亦称生理病害，如土壤缺素、肥害、药害、污染以及高温、低温障碍等。

侵染性病害与非侵染性病害可同时并发，如蔬菜温床育苗低温生长不良的秧苗常伴随猝倒病发生。

6.1.2　蔬菜虫害

蔬菜害虫多种多样，危害蔬菜地上部或地下部，或地上部和地下部兼而害之。识别害虫，掌握害虫生活习性，是做好虫害防治的必要条件。

1. 昆虫变态与防治关系

害虫是对作物有害的昆虫的统称。根据昆虫不同发育阶段的形态变化可以将昆虫分为完全变态与不完全变态两类。

完全变态昆虫的一生，需经过卵、幼虫、蛹、成虫四个发育阶段。幼虫与成虫的形态完全不同。幼虫成长后经过一个不活动的蛹期，然后变为成虫，如甲虫、蛾类、蝶类等。

不完全变态昆虫的一生，只经过卵、若虫和成虫三个发育阶段。其若虫和成虫形态十分相似，两者不同之处在于若虫的性器官没有发育完全，翅未长成，仅有翅芽。

认识昆虫不同发育阶段的形态有利于做好预测预报和防治工作。害虫防治应抓住 1～2 龄幼虫，治早治少。

2. 昆虫的口器与防治关系

昆虫的口器分为咀嚼式、刺吸式与虹吸式等。

（1）咀嚼式口器。小菜蛾、斜纹夜蛾与菜粉蝶的幼虫是咀嚼式口器，取食时将植物体咀嚼后吞进胃里，被害部分形成缺刻和孔洞。孔缺大小与虫体、虫龄的大小有关。

（2）刺吸式口器。蚜虫、红蜘蛛等是刺吸式口器，口器像针，刺入植物组织内吸取植物汁液。叶片受害部位开始呈失绿的小斑点，以后变褐发黄，被害严重的叶片有时发生皱缩而卷曲。

（3）虹吸式口器。不取食时口器卷曲在头的下方，取食时口器伸出刺入果实吸取汁液，使受害部位失水而呈海绵状并引起腐烂。

药剂防治可根据昆虫口器选取相应农药。对咀嚼式口器的害虫，适宜采用胃毒剂。把农药喷布在植株上，害虫取食时将农药和植物体一起吞食，在消化道内中毒死亡。对刺吸式口器的害虫，适宜内吸剂农药，如乐果。内吸剂施在植物任何部位都能被吸收，通过输导组织，将药液输送到植物各部分，害虫刺吸植物组织中毒死亡。

3. 昆虫的习性与防治关系

昆虫对环境条件的适应性，因昆虫种类不同而异。人们可以利用昆虫的习性采用不同的防治技术，达到消灭害虫的目的。

（1）假死习性。有的昆虫，如小菜蛾和小地老虎的幼虫，遇到惊扰后，即有吐丝下垂或蜷缩不动假死的习性，可以利用这种习性捕杀。

（2）喜温暖习性。有许多害虫怕热、怕冷、喜温暖。例如，小菜蛾幼虫，冬天钻入菜心，夏天躲在叶背，根据这种习性，喷药防治时，夏季着重叶背处，冬季着重菜心。

（3）趋黄色习性。十字花科蔬菜的蚜虫，对黄色有趋向性，可采用黄色板或黄色皿进行诱杀。

（4）趋化习性。小地老虎爱糖醋味，可用糖醋液诱杀。菜粉蝶幼虫（菜青虫）喜芥子味，不喜番茄味，而萝卜与甘蓝富芥子味，故易遭危害。采用番茄隔畦间作，可减少危害。

（5）趋光或趋暗习性。小菜蛾、斜纹夜蛾的成虫有强烈趋光性，可点灯（黑光灯或双色灯）诱杀。小地老虎幼虫有夜间出土活动为害的习性，可在傍晚或夜间撒施毒饵进行诱杀或人工捕杀。

6.2 蔬菜病虫害综合防治原理与技术

6.2.1 蔬菜病虫害综合防治原理

我国地域辽阔，地理气候条件复杂多样，适于各种气候类型的蔬菜生长，因而蔬菜品种繁多。到目前为止，我国已有蔬菜品种 200 多种。凡是有蔬菜生长的地方，就会有病、虫、草害伴随发生。在我国蔬菜上发生的各种病害达 450 多种，虫害 260 多种。蔬菜病虫害严重影响蔬菜的产量和质量，有的甚至造成绝收。据有关部门统计，近 10 年间，我国植保系统年平均挽回蔬菜损失约 280 亿 kg，占总产量的 20%左右（刘海河和张彦萍，2009），蔬菜因病虫害造成的损失高达 20%。可以看出，病虫害防治工作在蔬菜生产中非常重要。蔬菜病虫害种类繁多，发生规律也较复杂，蔬菜产品产值往往又较高，因此在防治过程中，常采用广谱的化学农药，以提高其防治效果。但因长期使用或不合理地使用化学农药，也带来病虫抗药性、杀伤天敌和污染环境等副作用，使菜田生态平衡遭到破坏，又导致了病虫危害的加剧。加之蔬菜产品连续采收的间隔期较短，以及可供生食等特点，施用化学农药后残留的问题也很突出，迫切需要寻求新的防治策略和技术。

1975 年，我国制定了“预防为主，综合防治”的植保工作方针。结合蔬菜病虫害防治工作特点，应从蔬菜、病虫和菜田环境的整体观念出发，正确处理好两个方面的关系：一是防和治的关系，强调以防为主，防重于治，即在病虫未发生或未形成显著危害前，采取适当措施，使病虫不能发生或不能大发生，保护蔬菜免遭损失或少受损失；但当病虫已经发生时，治也是必要的，以治补防的不足，两者密切结合。二是各项防治措施的关系，即要互相协调，取长补短，有机结合。实践证明，任何一种防治技术都不是万能的，依靠单一的方法防治病虫害，有很大的片面性。但也不是防治措施愈多愈好，应避免把一些不必要的措施凑合在一起，以致互相抵消而产生副作用。在综合防治中，要以农业防治为基础，因时因地制宜，合理运用化学防治、生物防治、物理防治等措施，经济、安全、有效地把病虫控制在不足为害的水平上，以达到增产、保护环境和保障人民健康的目的。“预防为主，综合防治”体现了植保工作的发展趋势，可与广大生产者的经验密切结合，对病虫进行科学的治理。因此，重治轻防，甚至单纯依靠化学农药，追求“一扫光”的想法和做法都是不可取的。

6.2.2　蔬菜病虫害综合防治技术

1. 实施植物检疫

由国家或地方政府颁布法规，授权植物检疫机构执行，依靠行政手段和技术措施，控制危险性病虫、杂草的传播与蔓延。这是一项以预防为主，防患于未然的工作。

（1）植物检疫的任务。禁止危险性病虫、杂草以任何方式传入国内；封锁国内局部地区已发生的危险性有害生物，使其不致扩大蔓延；积极组织人力、物力，彻底消灭不慎传入新区的有害生物，保护新区安全生产。

（2）植物检疫工作的主要内容。对进出口和国内地区间调运的种子、苗木和农产品进行现场或产地检疫，发现带有危险性病虫的种子、苗木和农产品等，在到达新区以前或进入新区分散之前进行处理；设立观察圃，对暂不能判定是否携带危险性病虫的种子、苗木进行观察；禁止调运或处理已感染或混杂危险性病虫、杂草的播种材料和农产品等。同时，对已发生的检疫对象采取有效的防治对策。

我国对植物检疫工作十分重视，为了发展创汇农业，不仅要做好进口检疫，而且要做好出口检疫，履行国际义务，提高我国农产品的国际信誉。我国已公布和实施了一系列植物检疫法规，有效地制止或限制了危险性有害生物的传播与扩散。随着科学进步、检疫技术的发展和有害生物的动态变化，各省（自治区、直辖市）及时修改或补充了各地区检疫对象，对阻断当地未曾发生过的植物病虫草害的侵入，起着积极的作用。

2. 强化农业防治

（1）选用抗（耐）病虫品种，适时播种。针对当地主要病虫害发生情况，因地制宜选用抗性强的农药及硝酸盐富集能力较弱的品种，合理选择适宜的播种期，可以避开某些病虫害的发生、传播和为害盛期，减轻病虫为害。例如，大白菜播种过早，往往导致霜霉病、软腐病、病毒病、白斑病发生较重，而适时播种既能减轻病虫为害，又能避免迟播造成的包心不实。

（2）种子消毒。①温汤浸种：将种子晒 1～2d 后，用 40～55℃温水浸种 10～15min，预防苗期发病，用 10%的盐水浸豆科种子 10min，可将种子中混入的菌核病菌、线虫卵漂除和杀灭，防止菌核病和线虫病发生

（许晓风，2006）。②干热消毒：将干燥的种子在 70℃条件下干燥处理 72h 或在竹制器具上暴晒 3～4d。③药剂浸种：防真菌病害用 50％多菌灵 1000 倍液或瑞毒霉 800～1000 倍液浸种 4h，或 72.2％普力克 800 倍液浸种 30min，或 0.1％硫酸铜浸种 5min。防细菌性病害用 0.1％硫酸铜浸种 5min，或 1000 万单位农用链霉素 500 倍液浸种 2h。防病毒病用 10％磷硫三钠或抗病毒型 OS-施特灵 300 倍液浸种 40min（许晓风，2006）。④药剂拌种：用 50％多菌灵或 40％拌种双可湿性粉剂按种子重量的 0.3％拌种，可防果菜苗期枯萎病、炭疽病等；50％克菌丹（用量同上）可防治枯病、猝倒病，此法适宜直播种子的消毒。

（3）培育无病壮苗。①育苗器具及育苗棚室消毒：用 40％甲醛或高锰酸钾 1000 倍液喷淋或浸泡器具，每亩用硫黄粉 0.8～1kg，敌敌畏 0.3～0.5kg 加锯末或适量干草混合点燃，密闭 12～24h 后通风备用，翻耕土壤，喷施绿亨一号 3000 倍液，密闭棚室 1 周。②培育壮苗：育苗前彻底清除苗床枯枝残叶和杂草；可采用营养钵育苗，营养土要用无病土及经处理的种子；土壤棚室播种要依据不同蔬菜品种的特征进行科学的肥、水、温、光和通风管理；严格实行分级管理，去歪留正，去杂留纯，去弱留强，适时练苗，培育茎节粗短、根系发达、无病虫害的壮苗。③采用嫁接和脱毒种苗防病：用黑籽西瓜作砧木嫁接黄瓜，用毛粉 802 作砧木嫁接茄子，用野生番茄作砧木嫁接番茄主栽品种，可增强根系，有效防治枯萎病、黄萎病、青枯病等；脱毒种苗繁育技术是防治病毒病的最有效方法，采用马铃薯、大蒜、甘薯等脱毒种苗防治病毒病已大面积推广运用，并取得良好效果。

（4）轮作换茬和清洁田园。采用旱地蔬菜与水生蔬菜的轮作模式，通过水淹改变土壤氧化、还原条件，可以减轻土传病害，并可闷杀地下害虫，还可有效降低土壤中重金属、硝酸盐、亚硝酸盐等有害物质，改善土壤理化特性，抗病虫蔬菜与不抗病虫蔬菜轮作，非同科蔬菜采取 3 年以上轮作，同科蔬菜不宜轮作，对营养元素喜好不同的蔬菜不宜轮作，如喜硫类与忌硫类、喜氯类（如茄类）与忌氯类（如瓜类）不宜轮作。各种蔬菜实行 2～4 年以上的轮作换茬，在播种和定植前，结合整地收拾病株残体，铲除田间及四周杂草，拆除病虫中间的寄主，在蔬菜生长过程中及时摘除病虫为害的叶片、果实或全株拔除，带出田外深埋或烧毁。

（5）深耕晒垡。深耕可将土表的蔬菜病株残体、落叶埋至土壤深层腐烂，并将地下的害虫、病原菌翻到地表，使其受天敌啄食或被严寒冻死，从而降低病虫基数，同时深耕使土壤疏松，有利于蔬菜根系发育，提高植株抗逆性。

（6）科学施肥。在增施有机肥的基础上，按各种蔬菜对N、P、K元素养分需求的适宜比例施用化肥，防止超量偏施氮素化肥，严格执行氮肥施用安全间隔期，要施足底肥，勤施追肥，结合喷施叶面肥，杜绝使用未腐熟的有机肥。氮肥施用过多会加重病虫害的发生，如茄果类蔬菜绵疫病、烟青虫等；合理增施磷肥可减轻蔬菜立枯病的发生；施用未腐熟的有机肥，可招致蛴螬、种蝇等地下害虫为害加重，并引发根、茎基部病害。

3. 利用生物防治

利用有益生物或生物代谢产物控制病虫害的方法，称为生物防治。其特点是对蔬菜作物和人、畜安全，不污染环境，不伤害天敌和有益生物，具有较长期控制的效果。

（1）利用天敌。保护利用瓢虫等捕食性天敌和赤眼蜂等寄生性天敌防治害虫，是一种经济有效的生物防治途径。多种捕食性天敌（包括瓢虫、草蛉、蜘蛛、捕食螨等）对蚜虫、飞虱、叶蝉等害虫起着重要的自然控制作用。生产中，寄生性天敌害虫应用于蔬菜害虫防治的有丽蚜小蜂（防治温室白粉虱）和赤眼蜂（防治菜青虫、棉铃虫）等。

（2）利用细菌、病毒、抗生素等生物制剂。可利用阿维菌素、农用链霉素、新植霉素等抗生素防治病虫害。例如，利用苏云金杆菌制剂防治蔬菜害虫，阿维菌素防治小菜蛾、菜青虫、斑潜蝇等，核型多角体病毒、颗粒体病毒防治菜青虫、斜纹夜蛾、棉铃虫等，农用链霉素、新植霉素防治多种蔬菜的软腐病、角斑病等细菌性病害。

（3）蔬菜制剂防治虫害。①黄瓜蔓：将新鲜黄瓜蔓 1kg 加少许水捣烂，滤出汁液，加3～5倍水喷洒，防治菜青虫和菜螟的效果达90%以上。②苦瓜叶：摘取新鲜多汁的苦瓜叶片，加少量水捣烂，滤出汁液，加等量石灰水，调匀后，浇灌幼苗根部，对防治地老虎有特效。③丝瓜：将新鲜丝瓜捣烂，加 20 倍水拌匀，取其滤液喷雾，用于防治菜青虫、红蜘蛛、蚜虫及菜螟等害虫，效果均在 95%以上。④南瓜叶：将南瓜叶加少许水捣烂，滤出汁液，加 2 倍水稀释，再加少量皂液，搅匀后喷雾，防治蚜虫效果达 90%以上。

4. 开展物理防治

（1）设施防护。覆盖塑料薄膜、遮阳网、防虫网，进行避雨、遮阴、防虫隔离栽培，可减轻病虫害的发生。在夏秋季节，利用大棚闲置期，采用覆盖塑料棚膜密闭大棚，于晴日高温闷棚 5～7d，使棚内最高温达 60～70℃，可有效杀死土壤表层的病原菌和害虫。

（2）诱杀技术。①灯光诱杀：针对害虫的趋光性，使用高压汞灯、黑光灯、频振式杀虫灯等诱杀害虫，尤其在夏秋季害虫发生高峰期，效果良好。②性诱剂诱杀：在害虫多发季节，每亩菜田排放水盆 3～4 个，盆内放水和少量洗衣粉或杀虫剂，水面上方 1～2cm 处悬挂昆虫性诱剂诱芯，可诱杀大量前来寻偶的昆虫。目前已商品化生产的有斜纹夜蛾、甜菜夜蛾、小菜蛾、小地老虎等性诱剂诱芯。③色板、色膜驱避或诱杀：在田间铺设或悬挂银灰色膜可驱避蚜虫；利用蚜虫、白粉虱、斑潜蝇等对黄色的趋性，在田间悬挂黄色捕虫板以粘住蚜虫、白粉虱、斑潜蝇等；从作物苗期和定植期开始使用，可以有效控制害虫的发生和蔓延。④食物趋性诱杀：利用成虫补充营养的习性和对食物的趋性，在田间安置人工食源进行诱杀，也可种植蜜源植物进行诱杀。⑤栖境诱杀：由于很多害虫都有昼伏夜出的习性，因此可以人为地在田间模拟设置害虫栖境进行诱杀。

5. 选用化学防治

化学农药仍是目前防治蔬菜病虫害重要而有效的手段。无公害蔬菜生产不代表不使用化学农药，关键是如何科学合理地使用化学农药。在使用农药时，首先要了解所用农药的性质、施药环境和防治对象，掌握用药的最适时期，剂量要准确，施药要均匀、周到，特别注意喷施叶片背面，避免产生药害；同时要注意合理轮换用药，才能收到预期的防治效果。混配时，须按各种农药使用说明书上允许的范围进行，并注意人、畜安全。严格控制蔬菜的农药残留不超标，和菜的农药安全使用间隔期，以此保证化学农药不超标。

6.3 蔬菜病害的防治技术

蔬菜生产的中心问题，就是优质、高产，而病虫害恰恰是这两大问题的主要障碍。虫害肉眼可见，防治措施易为菜农接受，而病害多系微生物侵染，或生理失调所致，肉眼不易观察病原。提高蔬菜质量，加强病害管理，注重病害的准确判断，减少农药量，充分了解自然规律和蔬菜作物的生理特性，采取生态防治和农业防治为主，其他防治为辅的综合防治措施，本着“预防为主、治早治小”的原则，可做到准确、及时、有效的防治（李光翔和张富祥，2016）。

6.3.1 甘蓝菌核病的防治技术

菌核病常见于甘蓝。甘蓝菌核病的防治技术如下：

1. 选用无病种子，进行种子处理

设无病留种地或无病采种株，防止种子混杂菌核。发现种子混杂菌核时，可用10%盐水漂洗，汰除杂物后用清水洗种，晾干播种。

2. 加强栽培管理

与非十字花科作物进行2～3年轮作，与水田轮作效果最好。施足基肥，合理施用氮肥，小水勤浇，有利于提高地温，减少发病。

3. 实施药剂防治

从发病初期开始喷50%腐霉利可湿性粉剂2000倍液，或40%菌核净可湿性粉剂1000倍液，或50%多菌灵、甲基硫菌灵可湿性粉剂500～800倍液，或50%异菌脲可湿性粉剂1000倍液，或50%氯硝铵可湿性粉剂 800 倍液（刘海河和张彦萍，2009）。每隔 7～10d 喷 1 次药，连喷 2～3 次，每亩用药液 60L 左右。

6.3.2　番茄病毒病的防治技术

番茄病毒病又称毒素病，是番茄的主要病害之一。全国各地普遍发生，对生产影响很大，常造成大幅度减产，严重地块甚至绝收。发病率以花叶型最高，蕨叶型次之，条斑型较少，而危害程度以条斑型最严重甚至绝收，蕨叶型居中，花叶型较轻。番茄病毒病的防治技术如下：

1. 选用抗病品种

番茄抗病品种有早丰、早魁、苏抗 4 号、中蔬 4 号、佳粉 10 号、鲁番茄 3 号、鲁番茄 7 号、历强粉、鲁粉 3 号、西粉 3 号、毛粉 802、线粉 2 号等（袁培祥等，2013）。

2. 种子消毒

将种子用 10%磷酸三钠浸种 20min，然后用水洗净催芽播种；或将干燥种子置 70℃干热条件下（如恒温干燥箱）处理 72h，再浸种催芽。

3. 加强栽培管理

实行 2 年以上轮作。结合深翻，促使带毒病残体腐烂。适期播种，适时定植，合理密植。生长期适时浇水、施肥，坐果后浇水要注意加粪稀和化肥。田间管理过程中，避免人为接触传染，如在进行分苗、定植、整枝、绑蔓、打杈时，有病的和无病的应分开操作。接触病株后，立即用肥皂洗手，晾干后再操作。也可以在操作前对植株表面喷洒病毒钝化剂，如豆粉 10 倍液或皂角 10 倍液，或喷洒 83 增抗剂 100 倍液，对防止接触传染有一定的作用。

4. 避蚜和及时治蚜

夏秋茬番茄育苗应采用防虫网或在苗床土拉银灰色薄膜条的措施避蚜，并及时喷洒杀虫剂防治蚜虫，以减少病毒的传播。

5. 药剂防治

在定植前后各喷 1 次 83 增抗剂 100 倍液，或分苗前 1 次、定植后 3 次喷洒菇类蛋白多糖（抗毒剂 1 号）200～300 倍液。发病初期喷洒 20%盐酸吗啉胍•铜（病毒 A）可湿性粉剂 500 倍液或高锰酸钾 1000 倍液可有效防治番茄病毒病（房德纯和杨金妹，1997）。

6.3.3 黄瓜疫病的防治技术

黄瓜疫病俗称死藤，全国各地均有发生，属真菌病害。黄瓜疫病的防治技术如下：

1. 选用抗病品种

与其他蔬菜实行 3～5 年轮作，使用腐熟肥料，及时追肥，合理灌水。

2. 嫁接防病

选择云南黑籽南瓜或南砧 1 号作砧木，取计划选用的黄瓜品种作接穗，采用靠接法或插接法嫁接。

3. 药剂防治

发病初期，应及时喷药保护。防治效果比较好的药剂有：58%甲霜灵锰锌可湿性粉剂 750 倍液，64%噁霜•锰锌可湿性粉剂 600 倍液，90%乙膦铝可湿性粉剂 600 倍液等，7～10d 喷 1 次，一般用药 3～4 次（张学庆等，2012）。

6.3.4 豇豆煤霉病的防治技术

豇豆煤霉病又称为叶霉病，各地均有发生，是豇豆上一种较为严重的病害。豇豆煤霉病的防治技术如下：

1. 选种抗病品种

豇豆品种间抗病性具有明显差异，选择抗病性强的品种可减轻病害。

2. 加强栽培管理

种植密度适宜，田间通风透光，合理灌水，防止湿度过大。棚室采用地膜覆盖，适时通风换气。增施磷、钾肥，提高植株抗病力。清除病残体并集中处理，结合深翻。病害发生初期及时摘除病叶。

3. 药剂防治

发病初期及时喷药防治，可选用 25%多菌灵可湿性粉剂 500 倍液，75%百菌清可湿性粉剂 600 倍液，77%氢氧化铜可湿性微粒剂 500 倍液，40%多硫悬浮剂 800 倍液和 1∶1∶200 波尔多液，每隔 7～10d 喷 1 次，连喷 2～3 次。施药后如遇雨，雨后应及时补喷。也可采用烟熏法或粉尘法防治豇豆煤霉病。

6.3.5 大白菜霜霉病的防治技术

大白菜霜霉病俗称白霉、霜叶病等。霜霉病除为害大白菜外，也可为害萝卜、榨菜、油菜、小白菜、甘蓝、花椰菜等十字花科其他蔬菜，尤以北方大白菜受害最重，流行年份可造成大白菜减产 50%～60%。大白菜霜霉病的防治技术如下：

1. 品种选择

种植抗病的白菜品种。

2. 种子消毒

播种前可用 50%福美双可湿性粉剂或 75%百菌清可湿性粉剂拌种，用药量为种子量的 0.4%（刘海河和张彦萍，2009）。

3. 加强田间管理

苗床注意通风透光，不用低湿地作苗床，结合间苗摘除病叶并拔除病株，蹲苗期不宜过长。低湿地宜采用高垄栽培，合理灌溉，合理施肥。包心后不可缺水、缺肥。收获后清洁田园，进行秋季深翻。

4. 药剂防治

发病初期或出现中心病株时，应立即喷药防治。喷药必须细致周到，特别是老叶背面也应喷到。喷药后如果天气干燥，病情缓和，可不必再喷药；如遇阴天、多雾、多露等天气，应隔 5～7d 后继续喷药。常用药剂有 40％乙膦铝可湿性粉剂 300 倍液、75％百菌清可湿性粉剂 600 倍液、65％代森锌可湿性粉剂 500 倍液、50％敌菌灵可湿性粉剂 500 倍液或 50％克菌丹可湿性粉剂 500 倍液等（吕佩珂，1996）。

6.3.6 辣椒炭疽病的防治技术

辣椒炭疽病主要为害辣椒果实。炭疽病易在高温季节为害，常使辣椒果实失去商品价值。辣椒炭疽病的防治技术如下：

1. 选用抗病品种

辣椒抗病品种有长丰、蒙椒 3 号、早丰 1 号、杭州鸡爪椒等（韩凤英等，2011）。

2. 种子消毒

建立无病留种田或从无病果留种。若种子带菌，播种前用 55℃温水浸种 10min 或用 50℃温水浸种 30min 进行消毒处理。取出后冷水冷却，催芽播种。也可冷水浸种 10～12h，再用 1%硫酸铜溶液浸 5min，捞出后用少量草木灰或生石灰中和酸性，即可播种。

3. 轮作与加强栽培管理

发病严重的地块实行辣椒与瓜类、豆类轮作 2～3 年。

栽培管理措施包括：合理密植，避免在湿地定植；营养钵育苗，培育适龄壮苗；预防果实日灼；清除田间病残体，减少病菌侵染源。

4. 药剂防治

发病初期喷洒 50％混杀硫悬浮剂 500 倍液，或 70％甲基硫菌灵可湿性粉剂 600～800 倍液，或 50％多菌灵可湿性粉剂 500 倍液，或 80％炭疽福美可湿性粉剂800倍液，或50%多硫悬浮剂600倍液，或75%百菌清可湿性粉剂800倍液+70%甲基硫菌灵可湿性粉剂800倍液混合液。每隔7～10d喷1次，连续防治2～3次（刘海河和张彦萍，2009）。也可每亩喷5%克霉灵粉尘剂或5%百菌清粉尘剂1kg，还可采用45%百菌清烟剂熏烟防治辣椒炭疽病（袁培祥等，2013）。

6.3.7　芹菜斑枯病的防治技术

芹菜斑枯病又叫晚疫病、叶枯病，俗称火龙。斑枯病虽是一般性病害，但局部地区和保护地受害较为严重。其特点是叶柄感染后，产量损失很大，而且贮藏期间可继续为害，降低可食性，其损失不亚于常发性病害。芹菜斑枯病的防治技术如下：

1. 选播无病种子，实行种子处理

用48℃温水浸泡种子30min，不断搅动种子使温度分布均匀，取出种子后置于冷水中降温，晾干后播种。

2. 加强栽培管理

培育壮苗，增强抵抗力。施用农家肥必须经高温腐熟。忌大水漫灌，宜小水勤浇。雨后及时排水中耕，降低田间湿度。清除病株残体，减少病原。保护地注意通风排湿，夜间加强保温。

3. 实施药剂防治

发现病情及时防治，常用的药剂有75%百菌清可湿性粉剂600倍液，64%噁霜·锰锌可湿性粉剂500倍液，1∶0.5∶200波尔多液，40%多硫悬浮剂500倍液，每隔7～10d喷1次药，连喷2～3次。保护地每亩可用45%百菌清烟剂200～250g熏烟，或用5%百菌清粉尘剂1kg熏烟，于傍晚密闭棚膜施药（刘树生等，1995）。

6.4 蔬菜虫害的防治技术

我国是世界上最大的蔬菜生产国和消费国，有超过 1 亿的农民直接从事蔬菜生产，蔬菜的总产值已超过粮食而成为第一大农产品。近年来，随着蔬菜栽培特别是设施蔬菜栽培面积的进一步扩大，蔬菜主要害虫种类发生了变化，部分害虫抗药性不断增强，微型害虫成为防治主角，钻蛀性害虫与地下害虫愈发严重，外来入侵害虫不断涌现。由于农户在蔬菜害虫防治各环节中存在一些误区，特别是对农药的不合理使用，致使一些蔬菜害虫防治不理想、蔬菜产品质量下降等问题突出。菜田蔬菜种类多、生长周期短、换茬勤、生态系统频繁更替、天敌自然控制作用微弱，因而造成蔬菜害虫种类多，害虫发生规律复杂，易引起害虫种群的暴发。主要害虫种类的鉴别是害虫防治的第一步，认得准，才能控得住，而害虫发生规律的掌握是防治的重要条件，防得准，才能治得好（司升云等，2015）。

6.4.1 蜗牛的防治技术

蜗牛（图 6-1）又名蜒灿螺、水牛。蜗牛在我国广泛分布，以南方及沿海潮湿地区发生较多。蜗牛食性杂，主要为害十字花科、豆科、茄科等蔬菜作物。蜗牛的防治技术如下：

图 6-1 蜗牛（http://www.qnong.com.cn/yangzhi/woniu/12287.html）

1. 农业防治

利用地膜覆盖，促进蔬菜健壮生长，可减轻蜗牛为害。及时清洁田园，铲除杂草，排干积水，及时中耕，可破坏蜗牛的栖息产卵场所，抑制害虫发展。秋季深翻土地，可把部分蜗牛成虫和幼虫翻到地面上冻死或被天敌啄食。

2. 诱杀

在田间用树叶、杂草、菜叶堆成多个小堆，可于夜间诱集蜗牛，白天捕杀。

3. 药剂防治

在沟边、地头或作物间撒石灰带，每亩用 5～7.5kg 生石灰，或茶枯粉 3～5kg；每平方米用 1.5g 8%灭蜗灵颗粒剂，或 10%多聚乙醛颗粒剂；用蜗牛敌和豆饼粉或玉米粉配成 1：（20～40）的毒饵，傍晚施于田间垄上；在早晨蜗牛入土前可喷灭蛭灵或硫酸铜 800～1000 倍液，或 1%的食盐水及 70～100 倍的氨水液（中国农业科学院蔬菜研究所，1988）。

6.4.2　菜蚜的防治技术

菜蚜（图 6-2）寄生在白菜、油菜、萝卜、芥菜、青菜、甘蓝、花椰菜、芜菁等十字花科蔬菜上，偏嗜白菜及芥菜型油菜。菜蚜在蔬菜叶背或留种株的嫩梢嫩叶上为害，常造成节间变短、弯曲，幼叶向下畸形卷缩，使植株矮小，影响包心或结球，造成减产。菜蚜的防治技术如下：

图 6-2　菜蚜（http://baike.so.com/doc/5911733-6124641.html）

1. 农业防治

农业防治措施包括及时多次清除田间杂草（尤其是秋末到初春），选用抗虫品种（如多毛番茄），及时除治大棚、温室蚜虫，有条件时利用喷灌及时清理越冬场所等。

2. 冷纱育苗

在早春和秋季进行蔬菜育苗时，播种后在育苗畦上覆盖40～45目筛的白色或银灰色网纱，可杜绝蚜虫接触菜苗，减少青菜的蚜害，对秋季白菜减轻病毒病也有明显效果。

3. 天敌的利用

在田间自然存在的菜蚜天敌不少，如数种食蚜瓢虫、蚜茧蜂、食蚜蝇、草蛉等。蚜虫的天敌昆虫和蚜霉菌的利用不可忽视。

4. 化学防治

苗期有蚜株率达10%，每株有蚜1～2头，或抽薹开花期10%的茎枝或花序有蚜虫，每枝有蚜3～5头时，可用40%乐果乳油或40%氧化乐果1000～2000倍液，50%敌敌畏乳油1000倍液，20%灭蚜松1000～1400倍液，50%马拉硫磷1000～2000倍液，25%蚜螨清乳油2000倍液，10%二嗪农乳油1000倍液，50%辟蚜雾可湿性粉剂3000倍液，50%久效磷乳剂2000～3000倍液，40%水胺硫磷乳剂1500倍液，或2.5%敌杀死乳剂3000倍液等防治。此外，用20%灭蚜松可湿性粉剂1kg拌种100kg，或用甲基硫环磷、杀虫磷、呋喃丹拌种，可防苗期蚜虫（许晓风，2006）。

6.4.3 菜粉蝶的防治技术

菜粉蝶（图6-3）俗称白粉蝶、菜白蝶，幼虫称青虫或菜青虫，属鳞翅目粉蝶科。菜粉蝶最喜食十字花科植物，尤其偏食甘蓝、花椰菜、白菜、青菜、萝卜等，在全国各菜区都有分布，是菜区的主要害虫，以春秋两季为害最重。温度16～30℃，气候干燥，湿度76%左右时为害重。菜粉蝶的防治方法如下：

图 6-3　菜粉蝶（http://blog.sina.com.cn/s/blog_63910c3d010111xy.html）

1. 农业防治

合理布局，尽量避免十字花科蔬菜连作，可有效减少菜粉蝶的发生。收菜后及时清洁田园可减少虫源。

2. 生物防治

每亩用苏云金杆菌乳剂、复方苏云金杆菌乳剂、杀螟杆菌或青虫菌粉（含活孢子量 100 亿个/g 以上）兑水 800～1000 倍防治，或用效价为 5000 单位/mg 苏云金杆菌乳剂 50ml，在气温 20℃以上时喷施，具有效果好、无公害、不杀伤天敌等优点（刘海河和张彦萍，2009）。

3. 喷药防治

在加强农业防治的基础上，当田间多数幼虫处在 3 龄以前时施药是防治的关键。

菜粉蝶发生到第二代后，世代重叠现象严重，给防治带来了一定的困难。田间喷药防治一般以卵高峰后一周左右，对甘蓝和白菜而言宜包心以前，田中多数幼虫处在 3 龄以前时用药，可以使用 BT 制剂 70～100 倍液、0.9％阿维菌素乳油 2000 倍液、10％氯氰菊酯或 5％高效氯氰菊酯乳油 1200 倍液、2.5％功夫菊酯乳油 2000 倍液、50％辛硫磷乳油 1000 倍液、1.5%菜喜乳油 1500 倍液、24％美满乳油 2000 倍液等（许晓风，2006）。

由于甘蓝、花椰菜叶面上蜡质较厚，不易着药，故在喷药时，应在药液中加入洗衣粉 300 倍液或黏着剂。

6.4.4　地老虎的防治技术

地老虎（图 6-4）属昆虫纲鳞翅目夜蛾科，又名切根虫、夜盗虫、地蚕，其种类很多。地老虎的防治技术如下：

图 6-4　地老虎（http://www.tccxfw.com/bch/1/data/1522.html）

1. 农业防治

铲除菜地和周围及田埂杂草，春耕耙地，秋翻晒土及冬灌，均能杀灭虫卵、幼虫和部分越冬蛹。

2. 毒饵诱杀

春季用糖醋液诱杀越冬代成虫。糖、醋、酒、水的比例为 3∶4∶1∶2，同时加少量敌百虫。将诱液放入盆内，于傍晚摆放到田间距地面 1m 处诱杀成虫，每 $200m^2$ 放 1 盆。翌日早晨收回盆或盆上加盖，以防诱液蒸发。建议 10d 左右更换 1 次诱液。先将 5kg 棉籽饼或菜籽饼炒香，再将 80% 敌百虫可溶性粉剂或 50% 辛硫磷乳油 60～120g 用少量水稀释倒入料中拌匀，可供 1 亩菜地使用，也可将上述药液与切碎的鲜草 15～20kg 拌成毒饵，傍晚时撒在苗根附近。

3. 人工捕捉

蔬菜苗期发现有地老虎为害时，于清晨扒开断苗周围的表土，可捉到潜伏的高龄幼虫，应连续捕捉几天。另外，浇水时幼虫常从土中爬出逃生，可随时捕捉，以减轻为害。采集新鲜泡桐树叶，用水浸泡后，于第一代幼虫期傍晚放入被害菜田，每亩用 50～70 片叶，于翌日清晨捕捉叶下幼虫。也可用新鲜菜叶、杂草诱集捕杀地老虎。

4. 药剂防治

幼虫 3 龄前为防治适期，蔬菜生产可在 2 龄幼虫盛期施药。可以用 2.5%溴氰菊酯乳油 2000 倍液，或 20%氰戊菊酯乳油 3000 倍液，或 80%敌百虫可溶性粉剂 800～1000 倍液，或 50%辛硫磷乳油 800 倍液喷雾，也可每亩用 2.5%敌百虫粉剂 1.5～2kg 喷粉（袁培祥等，2013）。虫龄较大时，可选用 50%辛硫磷乳油或 50%二嗪农乳油或 80%敌敌畏乳油 1000～1500 倍液灌根，杀死土中幼虫。

6.4.5 地蛆的防治技术

地蛆（图 6-5）又叫根蛆，是蝇类幼虫的总称，其种类很多。我国常见的地蛆有 4 种：种蝇、葱蝇、萝卜蝇、小萝卜蝇。蛆是各种蝇类幼虫的总称，其种类很多，因为其成虫（蝇）一般不会直接为害蔬菜，为害蔬菜幼苗的是它们的幼虫，所以将地蛆列为蔬菜的地下害虫之一。地蛆的防治技术如下：

图 6-5 地蛆（http://baike.baidu.com/item/%E5%9C%B0%E8%9B%86?func=retitle）

1. 农业防治

施用腐熟的粪肥和饼粕肥，施肥时要做到均匀、深施，种子和肥料要隔开，可在粪肥上覆一层毒土或拌入少量药剂。选择晴朗中午前后浇水，使浇水后土表很快干燥，以保证菜根周围干燥，使卵无孵化条件，可避免幼虫钻土为害菜苗。

2. 诱杀成虫

利用糖醋液诱杀成虫，其配制方法是：红糖1份、醋1份、水2.5份加0.1%敌敌畏或90%敌百虫晶体。糖醋液盛入盘中，置于田间地面上，经常加液保持新鲜。

3. 药剂防治

当雌、雄成虫比例接近1∶1或成虫数量突增时，即为成虫盛发期，应及时防治。10d内为药剂防治卵和初孵幼虫的适期。防治成虫及初孵幼虫，每亩可用2.5%敌百虫粉剂1.5～2kg喷粉，也可用50%马拉硫磷乳油1000倍液，或80%敌敌畏乳油1500倍液，或80%敌百虫可溶性粉剂500～1000倍液喷雾，每7～8d喷洒1次，连喷2～3次。田间发现蛆害株时，可用80%敌百虫可溶性粉剂1000倍液，或40%乐果乳油1500～2000倍液，或50%马拉硫磷乳油2000倍液灌根，或2.5%溴氰菊酯2500倍液喷洒菜株间地表和定植前的栽培穴，以防治幼虫。利用 90%敌百虫晶体或40%乐果乳油1500～2000倍液浸泡蒜种2min，并及时栽种，可有效地防治蒜蛆（李明远等，1987）。

6.4.6 黄曲条跳甲的防治技术

黄曲条跳甲（图6-6）又称黄条跳蚤、土跳蚤，属鞘翅目叶甲科。寡食性，主要为害十字花科蔬菜，还可为害瓜类、茄果类、豆类及禾谷类等作物。成、幼虫均能为害，造成的伤口易引起软腐病流行。黄曲条跳甲的防治技术如下：

图 6-6　黄曲条跳甲（http://www.qzlps.com/pro_info23.html）

1. 合理轮作

十字花科蔬菜与非十字花科蔬菜轮作，可减轻黄曲条跳甲危害。

2. 栽培防虫

前茬收获后及时翻耕晒土，可消灭土壤中的幼虫及部分蛹。清除田内外杂草及残株落叶，消灭越冬场所。选用无虫苗移栽。

3. 诱杀成虫

利用黑光灯诱杀成虫。

4. 药剂浸根、灌根

移苗时用 90%敌百虫晶体 1000 倍液浸根灭虫。发现幼虫为害根部时，可选用 90%敌百虫晶体 1000 倍液、50%辛硫磷乳油 1500～2000 倍液灌根（吕佩珂，1992）。

5. 喷药防治

幼苗出土后，若发现成虫，应立即喷药防治，可选用 20%甲氰菊酯乳油 3000～4000 倍液、50%敌敌畏乳油 1500～2000 倍液、10%氯氰菊酯乳油 2000～4000 倍液等。

6.4.7　菜蛾的防治技术

菜蛾（图 6-7）俗称方块蛾、小菜蛾、小青虫、吊死鬼等，属鳞翅目菜蛾科。菜蛾是世界性害虫，在我国各地都有分布，在南方为害更严重，是蔬菜的重要害虫之一。在我国主要为害甘蓝、萝卜、花椰菜、白菜、芥菜、芜菁、油菜、番茄、马铃薯、姜、洋葱等 40 多种蔬菜。菜蛾的防治技术如下：

（a）幼虫　　（b）成虫

图 6-7　菜蛾幼虫及成虫

（http://www.ccdy.cn/bolan/baike/201307/t20130726_717166.htm）

1. 农业防治

合理轮作或间作，可抑制小菜蛾发生，如与非十字花科蔬菜轮作，与番茄间作。十字花科蔬菜收获后，及时清洁田园，将温室中的残株落叶带出棚外深埋或烧毁；露地应铲除田间杂草，以减少成虫产卵场所和幼虫食料。

2. 诱杀成虫

（1）黑光灯诱杀。成片菜田每亩安装 20W 黑光灯 1 盏，黑光灯高于地面 33cm 左右，在菜蛾发生期间连续诱杀，可消灭大量菜蛾及其他害虫。

（2）性诱剂诱杀。每个诱芯含人工合成的性诱剂 50μg，穿铁丝吊在水盆上方，距水面 1cm，每盆诱蛾半径可达 100m，有效诱蛾期在 1 个月以上。在菜蛾种群密度较低的情况下，性诱剂有较好的控制作用。建议每月更换 1 次，同时捞起死虫。此法大面积连片应用，可杀死大量雄蛾，使雌蛾产下的卵无效。

3. 生物防治

在成虫产卵高峰期，如果气温在 20℃以上，可用以下药物防治：①选用苏云金杆菌乳剂或可湿性粉剂、杀螟杆菌或青虫菌粉（含孢子量 100 亿个/g 以上）500～800 倍液喷雾，或每亩用效价为 5000 单位/mg 苏云金杆菌乳剂 50ml 喷雾。②喷洒植物性杀虫剂 5％鱼藤酮 200～300 倍液。

4. 药剂防治

在卵孵化高峰期至 2 龄幼虫盛期之前施第一遍药，以后每 5d 左右喷 1 次，连喷 2～3 次，并且应该不同农药交替使用，以延缓抗药性的产生。可选用 50％辛硫磷乳油、50％杀螟松乳油、50％二嗪农乳油、2.5％溴氰菊酯乳油、40％菊·马乳油 200～3000 倍液，2.5％三氟氯氰菊酯乳油、2.5％联苯菊酯乳油、21％增效氰·马乳油 2000～3000 倍液等喷雾防治菜蛾（刘海河和张彦萍，2009）。如果小菜蛾对上述药剂产生较强的抗性，可选用 5％定虫隆乳油、5％氟虫脲乳油、5％农梦特乳油各 1000～2000 倍液，或 25％灭幼脲悬浮剂 500～800 倍液喷洒，使幼虫不能正常蜕皮而死亡。上述药剂与苏云金杆菌乳剂等生物农药一样，要比普通化学农药提前 2～3d 使用，幼虫在喷药后 3～4d 大量死亡。这几种药剂具有高效、对环境、天敌安全等优点，在主要为害世代使用，建议每茬蔬菜只用 1 次，或同一地区全年不超过 2 次。

参考文献

柏立新，陈春泉，曹燕萍．1992．棉花病虫草害综合防治[M]．南京：江苏科学技术出版社．

蔡翁泉．2016．水稻主要病虫害及其防治技术[J]．江西农业，18：23．

陈军勇．2005．农药安全使用[M]．北京：中国农业出版社．

崔金杰，陈海燕，赵新华．2007．棉花害虫综合防治研究历程与展望[J]．棉花学报，19（5）：385-390．

崔金杰，马奇祥，马艳．2004．棉花病虫害诊断与防治原色图谱[M]．北京：金盾出版社．

方中达．1996．中国农业植物病害[M]．北京：中国农业出版社．

房德纯，杨金妹．1997．蔬菜病虫草害综合防治[M]．北京：中国农业出版社．

傅强，黄世文．2012．水稻病虫害诊断与原色图谱[M]．北京：金盾出版社．

管致和．1995．植物保护概论[M]．北京：中国农业大学出版社．

韩凤英，秦咏梅，国淑梅，等．2011．辣椒病虫害综合防治技术[J]．中国果菜，2：23-25．

韩学俭．2001．小麦线虫病及其防治[J]．华夏星火，3：1．

湖北省农业科学院植物保护研究所．1980．棉花害虫及其天敌图册[M]．武汉：湖北人民出版社．

湖南长沙农业学校．1987．植物病虫害防治总论[M]．北京：农业出版社，

华南农业大学．1994．植物化学保护[M]．北京：中国农业出版社．

华南农业大学．2001．农业昆虫学[M]．北京：中国农业出版社．

黄次伟，施德，张人君．1999．稻田农药应用技术[M]．北京：化学工业出版社．

黄世文．2010．水稻主要病虫害防控关键技术解析[M]．北京：金盾出版社．

李光博．1990．小麦病虫草鼠害综合防治[M]．北京：中国农业科技出版社．

李光翔，张富祥．2016．蔬菜病害识别与防治对策[J]．农村实用技术，5：39-40．

李明远，李固本，裘季燕．1987．北京蔬菜病情志[M]．北京：北京科学技术出版社．

李伟．2016．小麦主要虫害的综合防治之我见[J]．农村科学实验，5：77．

李梅花，王红爱，俎丽辉，等．2005．许昌市农作物药害发生现状及控制对策探讨[C]//大连：中国植物保护学会2005年农作物药害预防及控制技术研讨会．

李小勋．2015．棉花主要虫害分析及防治措施研究[J]．中国农业信息（上半月），3：57．

刘海河，张彦萍．2009．蔬菜病虫害防治[M]．北京：金盾出版社．

刘慧．2008．我国稻粒黑粉病的研究进展[J]．江西植保，31（1）：3-6．

刘树生，曹若彬，朱国念．1995．蔬菜病虫草害防治手册[M]．北京：中国农业出版社．

柳申飞．2012．小麦主要虫害的综合防治探讨[J]．农业灾害研究，2（9-10）：6-9．

陆宴辉，齐放军，张永军．2010．棉花病虫害综合防治技术[M]．北京：金盾出版社．

罗桂梅，王春霞．2012．农作物常见病害的防治[J]．现代农业科技，22：138，143．

罗汉钢．2010．水稻农药使用手册[M]．武汉：湖北科学技术出版社．

吕佩珂．1992．中国蔬菜病虫原色图谱[M]．北京：农业出版社．

吕佩珂．1996．中国蔬菜病虫原色图谱续集[M]．呼和浩特：远方出版社．

马存，戴小枫．1998．棉花病虫害防治彩色图说[M]．北京：中国农业出版社．
牛本永，赵国建．2008．黄淮冬小麦高产栽培与病虫草害防治[M]．开封：河南大学出版社．
任自忠，苑凤瑞，张森．2003．新编植物保护实用手册[M]．北京：中国农业出版社．
商鸿生，李修炼，王凤葵，等．2004．麦类作物病虫害诊断与防治原色图谱[M]．北京：金盾出版社．
商鸿生，王凤葵．2015．小麦病虫害诊断与防治图谱[M]．北京：金盾出版社．
石明旺．2013．小麦病虫害防治新技术[M]．北京：化学工业出版社．
司升云，李芒，潘鹏亮，等．2014．蔬菜主要害虫 2013 年发生概况及 2014 年发生趋势[J]．中国蔬菜，3：1-4．
司升云，李芒，周利琳，等．2015．如何走出蔬菜虫害防治的误区[J]．长江蔬菜，9：41-44．
孙海波．2009．北方水稻生产实用技术[M]．天津：天津科技翻译出版公司．
孙连飞．2008．水稻优质高产栽培技术[M]．上海：上海科学技术出版社．
孙瑞芳，刘宇．2011．棉花主要病害发生特点及防治措施[J]．现代农业科技，19：197，201．
王琦，刘媛，刘超．2009．水稻病虫害识别与防治[M]．银川：宁夏人民出版社．
王旭光．2015．安徽淮北地区小麦主要病害的识别与防治[J]．农业灾害研究，5（11）：25-26，28．
王学艳，苗义，刘慧，等．2013．镇赉县水稻主要病害的识别诊断及防治技术[J]．农业与技术，9：131．
王中武，赵秀娟，卢颖．2010．植物检疫技术[M]．北京：化学工业出版社．
席敦芹．2010．棉花病虫害综合防治技术[J]．植物医生，23（4）：20-21．
徐敬友，陆自强，韩云章，等．1993．水稻病虫草害综合防治（蔬菜）[M]．南京：江苏科学技术出版社．
徐毅．2005．蔬菜主要病害的识别与防治[J]．当代蔬菜，6：40-42．
许晓风．2006．农业病虫害综合防治技术[M]．南京：东南大学出版社．
杨平华，杨毅．2006．常用农药实用手册[M]．成都：四川科学技术出版社．
杨平华．2008．粮食作物病虫草害防治新技术[M]．成都：四川科学技术出版社．
袁培祥，杨超，皇甫庭．2013．农业病虫害防治技术（蔬菜）[M]．北京：中国农业科学技术出版社．
张慧珍．2010．棉花病虫害防治实用技术[M]．北京：金盾出版社．
张庆富，何金柱，汪强，等．2002．麦类合理用药指南[M]．合肥：安徽科学技术出版社．
张荣胜，陈志谊，刘永锋．2014．水稻细菌性条斑病研究进展[J]．江苏农业学报，30（4）：901-908．
张学庆，杨坤，孙玉龙．2012．黄瓜主要病虫害综合防治技术[J]．农民致富之友，7：54．
张扬城．2012．水稻主要病虫害的发生与防治[J]．现代农业科技，24：150．
赵广才．2005．保护性耕作农田病虫害防治[M]．北京：中国农业出版社．
赵文生，彭友良．2013．图说水稻病虫害防治关键技术[M]．北京：中国农业出版社．
中国农业科学院棉花研究所．1983．中国棉花栽培学[M]．上海：上海科学技术出版社．
中国农业科学院蔬菜研究所．1988．中国蔬菜栽培学[M]．北京：农业出版社．
朱荷琴．2007．棉花主要病害研究概要[J]．棉花学报，19（5）：391-398．
GB/T 8231．农药安全使用标准[S]．